貉养殖与疾病防治技术

李顺才　冯敏山　杜利强　主编

中国农业大学出版社
·北京·

内容摘要

本书系统地介绍了养貉的整个技术过程，主要内容包括养貉场的建设、貉的繁殖与育种、貉的营养与饲料、貉的饲养与管理、貉疾病防治基础知识、貉常见疾病的防治。本书语言通俗易懂、内容丰富翔实、技术科学性与可操作性强，可以帮助读者更好、更快地掌握养貉的科学技术，可供广大养貉场(户)相关技术人员使用，也可供相关培训机构及相关专业院校师生参考使用。

图书在版编目(CIP)数据

貉养殖与疾病防治技术/李顺才，冯敏山，杜利强主编.
—北京：中国农业大学出版社，2016.6
ISBN 978-7-5655-1599-6

Ⅰ.①貉… Ⅱ.①李… ②冯… ③杜… Ⅲ.①貉-饲养管理 ②貉-动物疾病-防治 Ⅳ.①S865.2 ②S858.92

中国版本图书馆 CIP 数据核字(2016)第 118078 号

书　名 貉养殖与疾病防治技术
作　者 李顺才　冯敏山　杜利强　主编

策划编辑	梁爱荣	**责任编辑**	刘耀华
封面设计	郑　川	**责任校对**	王晓凤
出版发行	中国农业大学出版社		
社　址	北京市海淀区圆明园西路 2 号	**邮政编码**	100193
电　话	发行部 010-62818525，8625	读者服务部	010-62732336
	编辑部 010-62732617，2618	出　版　部	010-62733440
网　址	http://www.cau.edu.cn/caup	**E-mail**	cbsszs@cau.edu.cn
经　销	新华书店		
印　刷	北京鑫丰华彩印有限公司		
版　次	2016 年 8 月第 1 版　2016 年 8 月第 1 次印刷		
规　格	850×1 168　32 开本　7.5 印张　185 千字		
定　价	20.00 元		

图书如有质量问题本社发行部负责调换

编 写 人 员

主　　编　李顺才　冯敏山　杜利强

副 主 编　张　军　马永兴　张子佳
　　　　　张英海　任二军

参编人员　周建颖　周忠良　崔　静
　　　　　刘爱丽　白文辉　刘　洁
　　　　　刘进军　张立颖　刘立华
　　　　　黄珊珊　朱秋艳　李淑娜
　　　　　韩丽娜　朱江山　刘志勇
　　　　　马丽爽

前　言

貉是一种珍贵的毛皮动物，于1957年开始在我国东北地区驯养，20世纪60年代初人工繁殖成功。由于其毛绒丰厚、色泽丰富，轻柔飘逸，备受市场青睐。经过几十年的发展，养貉已逐渐扩展到河北、山东、江苏、辽宁、陕西等地，成为我国毛皮动物养殖的当家品种之一。目前全国年产貉皮1 400万张左右。

爱美是人之天性，爱美之心人皆有之，穿衣除防寒遮体的实用性外，更重要的是让人观赏。貉皮服装具有很强的观赏性，可点缀人们的生活，提升审美品位。随着人们消费观念的转变及生活水平的提高，裘皮制品不断创新，使之高贵性有增无减，近年来家庭装饰、家具装饰、汽车装饰、玩具、体育等诸多领域都有毛皮的身影，出现了毛皮平民化的发展趋势。毛皮产业的创新为养貉业的再度兴旺发达注入了新的生机和活力，从而加快了养貉业的发展，养貉成为了一些地区农村脱贫致富、发展特色经济的首选项目。

为了适应我国养貉生产快速发展的新形势，普及养貉新知识、新技术，改变落后的养貉方式和方法，提高群众养貉科学技术水平，加快我国养貉生产发展的步伐，编者在查阅大量相关科技文献的基础上，结合多年教学、科研与生产实践经验，组织编写了本书。本书系统地介绍了养貉生产的整个过程，主要内容包括养貉场的建设、貉的繁殖与育种、貉的营养与饲料、貉的饲养与管理、貉疾病防治基础知识、貉常见疾病的防治。本书语言通俗易懂、内容丰富翔实、技术科学性与可操作性强，可以帮助读者更好、更快地掌握养貉的科学技术，可供广大养貉场（户）相关技术人员使用，也可供相关培训机构及相关专业院校师生参考使用。

编写中参考引用了有关专家、学者的相关文献资料，未能一一列出，在此一并表示感谢。由于作者水平有限，书中难免有不足和疏漏之处，恳请广大读者和专家批评指正。

编　者

2016 年 3 月

目　录

第一章　概　述

一、貉的分类与分布

貉在动物分类学上属哺乳纲、食肉目、犬科、貉属。在国内，貉分布于我国东北、华北、华东、中南及西南地区，但未见分布于台湾和海南岛。在国外，貉分布于西伯利亚、日本、朝鲜及越南北部。据报道，貉已被引入东欧及北欧一些地区养殖。

貉为多型种。《中国动物志》(1987 年)将我国貉分为指名亚种、东北亚种和西南亚种。指名亚种分布于华东及中南地区；东北亚种分布于黑龙江、吉林、辽宁，华北一带所产亦较近似；西南亚种分布于云南、贵州和四川。另据据衣川义雄(1941 年)报道我国的貉可分为如下 7 个亚种：①乌苏里貉，产于苏联、朝鲜和我国东北地区大兴安岭、长白山、三江平原、辽南平原及吉林省的北部地区。②朝鲜貉，产于苏联、朝鲜和我国东北三省的南部地区。③阿穆尔貉，产于中苏边界地带、黑龙江沿岸、吉林省的东北部。④江西貉，产于江西及附近各省。⑤闽越貉，产于江苏、福建、湖南、四川、陕西、安徽、江西等省。⑥湖北貉，产于湖北、四川等省。⑦云南貉，产于云南及其附近各省。

在商业上，习惯把貉分为南貉和北貉。一般以长江为界，长江以北各省、区所产貉统称北貉；长江流域以南各省、区所产貉统称为南貉。北貉体型大、毛长色深、底绒丰厚，多属东北亚种，毛皮质量较优；南貉体型小、毛绒稀疏、保温性较差，但色泽比较美观。目前我国人工饲养且经济价值较高的是东北亚种，也就是以乌苏里貉为主,其次是朝鲜貉和阿穆尔貉。

二、貉的体形外貌

貉体形短粗、肥壮,外貌似狐,被毛长而蓬松。貉头部吻短,四肢短而细。前足 5 趾,第 1 趾短而位置较高,所以不能着地;后足 4 趾,缺第 1 趾;前后足均具有发达的趾垫。爪粗短,与犬科各属一样不能伸缩。不同季节,貉的新陈代谢程度不同,体重也随之变化。以乌苏里貉为例,成年体重 6～10 kg,体长 50～65 cm,尾长 17～22 cm。个别貉体重可达 10～11 kg,体长 82 cm,尾长 29 cm。貉通常被毛青灰或青黄色,但因种类不同而表现不同,同一亚种的毛色变异范围很大,即使同一饲养场,饲养管理水平相同的条件下,毛色也不相同。典型乌苏里貉的色型为颈背部针毛尖呈黑色,主体部分呈黄白色或略带橘黄色,底绒呈灰色。两耳后侧及背中央掺杂较多的黑色针毛尖,由头顶伸延到尾尖,有的形成明显的黑色纵带。体侧毛色较浅,两颊横生淡色长毛,眼睛周围呈黑色,长毛突出于头的两侧,构成明显的"八"字形黑纹。20 世纪 80 年代曾出现过野生白色貉,后由中国农业科学院特产研究所培育成白色新类型貉,曾命名为"吉林白貉"。吉林白貉的体重、体长及被毛细度、长度与普通貉相似,其毛色基因型为显性杂合子(Ww),当基因纯合(WW)时出现胚胎早期死亡现象。生产中,适合采用吉林白貉与普通貉杂交,子一代中可分离出 50%的白色貉。2006 年在我国山东省某毛皮动物饲养场,由 1 对乌苏里貉选配出现一只全身呈均匀一致的棕黄色、针毛稍呈棕红色、色泽明显较乌苏里貉艳丽的雄貉,佟煜人、朴厚坤依据孟德尔遗传定律,对其不同选配组合后代毛色分离数据的统计分析和适合性检验证明,其突变棕色毛色基因为显性,基因型为杂合体,并建议其基因符号用 G 表示,基因型为 Gg。

三、貉的生活习性

1. 杂食性

貉为杂食性毛皮动物，在野生条件下，主要食用啮齿类，两栖爬行类（如蛙、蛇、蜥蜴），昆虫（如甲虫、金龟子、蛾、鳞翅目幼虫），鸟类及鱼、蚌、虾、蟹等。另外，也采食浆果，作物籽实和植物的根、茎、叶，以及人类遗弃的剩饭和畜禽类粪便等。家养条件下，家养貉则可食用鱼、肉、蛋、鱼粉、乳、血及动物下杂等动物性饲料；麦麸、玉米面、豆面、高粱面、饼渣、蔬菜类及人类可食的野菜等植物性饲料，此外还需供给食盐、酵母、骨粉及维生素等。

2. 栖息地

野生貉对各种环境有较强的适应性。除荒漠、半荒漠地带外，由亚寒带到亚热带地区的平原、丘陵及部分山地，貉都可生活。多生活在河谷、草原、湖泊和河流附近的丛林中。喜欢停留在旧的采伐地、小河边及林缘。貉喜穴居，多利用隐蔽程度较好的岩洞、自然洞穴、墓穴及狐狸、獾等兽类遗弃的洞穴作为巢穴。

3. 集群性

貉喜欢群居。野生貉通常成对穴居，尤其是双亲可以较长时期与其仔貉同穴而居。其集群性在繁殖期表象更为明显。幼貉一般在入冬前，找到配偶或其他洞穴后离开。在家养条件下，可利用这一特点，将断乳的幼貉按 10～20 只一群，集群圈养。

4. 夜行性，喜凉怕热

野生貉具有夜行性，夜间和清晨活动比较频繁。一般白天在洞穴中休息睡眠，或在洞穴附近隐蔽的地方休息并看守洞穴；在傍晚和夜间出来活动采食。在家养条件下，由于受人为环境影响，貉可全天活动。貉的汗腺不发达，毛长绒厚，被毛厚密。因此，貉十分怕热但比较耐寒。根据貉的这一习性，喂饲时间应尽量选择在凉爽时间进行；配种放对也尽量选择在早晚进行，避免中午放对。

5. 性情温顺,胆小怕惊

貉的性情迟钝、温顺,听觉不灵敏,行动较缓,在人接近时有多疑和胆怯的表现。母貉胆小怕惊的特性在产仔哺乳期表现尤为明显,外界的惊扰容易引起貉"惊恐症"的发生,导致母貉食仔。因此,在产仔哺乳期要特别注意保持环境安静。

6. 定点排粪

野生状态下,貉一般在洞穴附近的固定地点排粪,日久积累成堆。家养貉一般不到处排便,多排便于笼舍的某一角落,但极个别者有向小室、食盆排便的。

7. 非持续性冬眠

分布在北方尤其是东北地区的貉,在冬季(立冬、小雪至翌年2月上旬)为了抵御严寒和食物缺乏,常隐居于洞穴中,进行冬眠。但与真正的冬眠不同,在天气转暖时,貉可出来活动,少量进食。在家养条件下,由于食物充足及人为的干扰,貉的冬眠行为不十分明显,但大都活动减少,食欲减退。

8. 季节性换毛

貉每年换毛一次。貉的换毛受光周期控制,日照长度的年周期变化引起貉被毛的季节性脱换。成年貉3月下旬开始脱毛,在浓密的冬毛脱落时,稀疏的夏毛从头至尾生长;在6月中旬,夏毛代替了冬毛;在被毛中,针毛脱落较晚,大部分7月份才脱落;夏毛的脱落发生在9～10月份,脱落的顺序是从尾部至头部,冬毛生长在9～11月份,在11～12月份完成。当毛停止生长后,皮肤颜色由灰黑色转呈黄白色。冬毛一直维持到次年3月份。幼貉的胎毛在4～5周龄脱落,在6月份长出夏毛,其毛绒特点是针毛较软,绒毛较细且相对稀疏,以后的换毛同成年貉。生产上要根据貉的这一习性对饲粮进行调整,比如进入冬毛生长期,饲粮中适当补加一些动物血等富含含硫氨基酸的蛋白质饲料,有助于貉的毛被生长。了解这一特点,还有助于确定貉打皮的生产季节(11月下旬至12

月下旬)。

9. 天敌和寿命

貉的天敌有狼、猞猁等猛兽和猛禽。貉的寿命8～16年,家养貉可利用5～7年,繁殖的最适年龄是3～5岁。

10. 生理常数

貉的体温38.1～40.2℃,脉搏70～146次/min,呼吸23～43次/min,红细胞584万个/mm^3,白细胞12.052万个/mm^3。

四、貉的经济价值

1. 制裘价值

貉皮和貉绒是制裘的佳品,历来是国内外市场畅销的高档裘皮之一。貉皮属于大毛细皮类,其皮质坚韧耐用、柔软而轻便、美观保暖,特别是制成女式翻毛裘皮大衣,既美观又大方。拔掉针毛后的毛绒,不但丰厚,而且御寒能力强,是制作大衣、皮领、皮帽、皮褥以及妇女披肩装饰品等的最佳原料。

2. 药用价值

据《本草纲目》记载:"貉肉甘温,无毒,食之可治元脏虚劳及女子虚惫。"日本人用貉肉汤治妇女病和妇女寒症,此外还可治疗各种结核病,心、脾、肾虚症以及各种慢性病和气血亏损贫血病。貉胆、睾丸和脂肪药用价值高。貉胆可代替熊胆入药,治疗胃肠病和小儿癫痫病。睾丸可治疗中风。貉脂肪可制成油,代替獾子油治疗烫伤,它对湿疹、皮肤过敏等皮肤病有很好的治疗和预防效果,特别是对干裂皮肤疗效显著。

3. 其他

貉肉细嫩鲜美,营养丰富,可烹调成各种名菜佳肴,是高级的滋补营养品。换毛时,每只貉脱落的针、绒毛50～80 g,收集后貉毛是产量不小的副产品。经过处理后,貉毛可用于制防寒服。貉的背部和尾部的大针毛,富有弹性,是制作高级画笔、毛笔、毛刷、胡刷等制品的最佳原料。貉粪是优质的有机肥料，含蛋白质较高，其他成分相当于人粪尿。

五、我国养貉的历史与现状

貉是一种珍贵的毛皮动物，于 1957 年开始在我国东北地区驯养，20 世纪 60 年代初获得人工繁殖成功。由于我国东北地区的乌苏里貉绒丰厚，质量较好，备受市场青睐，再加上国际市场貉皮走俏，至 1888 年，仅东北地区人工饲养种貉就已达到 30 万只，年产貉皮近百万张，成为世界貉皮产量最多的国家。同时，人工养貉逐步扩展到河北、山东、江苏、陕西等地，貉成为我国毛皮动物养殖的当家品种之一。据报道，到 2006 年全国养貉近 1 000 万只，主要分布在河北、黑龙江、辽宁、内蒙古、吉林、山东、江苏、宁夏、河南、山西、北京、天津、新疆等地(以养殖量为序)。据 2015 年 7 月份中国皮革协会正式对外发布《中国貂、狐、貉取皮数量统计报告(2014)》显示，2014 年中国貉子取皮数量 1 400 万张左右，同比增长约 16.7%。近年来，国内毛皮产业迅速增长，为社会发展提供了大量质优价廉的原料资源，毛皮加工工艺得到了明显提高，毛皮利用方式逐渐扩大，出现了毛皮平民化的发展趋势。

第二章　养貉场的建设

第一节　养貉场场址的选择与布局

一、场址选择

场址选择既是养貉场一项基本建设，又是关系到养貉成败的关键因素之一，必须予以高度重视。在选址时，既要考虑地势、土质、风向、水源等自然因素，又要注意电力、交通、居民区、工厂等社会因素。

1. 地势

养貉场应建在地势高燥、背风向阳、稍有缓坡（坡度为3%～10%）、地下水位较低（1.5～2 m）的地方，不宜在地势低洼、排水不良的背阴的地带建场。如要在低洼地建场，必须将地基填高，开挖排水沟，以保持干燥的地面。

2. 土质

养貉场用地要求土壤渗水性较强，导热性能小，既能保持干燥的环境，又有良好的保温性能，所以最好是沙壤土。不宜在含有机质多的土壤上建貉舍，更不能在黄土、黏土上建貉舍。因为有机质不断分解产生有害气体，如氨气等，会污染空气、水源及土壤，对貉健康不利；黏土透水性差，遇雨泥泞，冬季水分冻结，土壤体积膨胀，影响建筑物的寿命。

3. 风向

养貉场应位于居民区的下风向,距居民区要保持200 m以上,这样既有利于卫生防疫,又可防止养貉场有害气体和污水对居民健康的危害。此外,不可把养貉场建在山坳处及易形成涡流的地方,因为这些地方小区内空气难以流动,空气污浊,疫病容易流行。

4. 水、电

养貉场必须要有充足的水源,水质较好,以保证全场生活和生产用水。有条件最好选用自来水,其次是江、河水。水质应清澈透明,无色无臭,入口微甜无苦涩味。在没有上述水源的地方,可打井取水。塘、渠、堰中的死水,因易受细菌、寄生虫和有机物的污染,如要取用,应设沙缸过滤、澄清,并加1%漂白粉消毒后使用。选择场址还要考虑供电方便的地方,以满足全场照明和生产、生活用电。规模化养貉更要保证电力充足,必要时还应自备电源,以备停电应急之需。

5. 交通及居民区等

养貉场既要考虑交通方便,又要避开噪声干扰和疾病传染,以选择比较僻静的地方为好。一般要远离交通干线和市场、屠宰场等500 m以上,离一般公路和居民区200 m以上。场区应设围墙与外界隔开,避免闲杂人员和犬猫入内,有利防疫安全。

二、总体布局

在选定场址之后,就需要根据养貉场的近期或远景规划,依据利于生产、利于防疫、节约用地、便于生活管理与运输等原则,考虑当其气候、风向、地形地势、养貉场建筑物和设施的大小,合理规划全场的道路、排水系统、场区绿化等,安排各功能区的位置及每种建筑物和设施的位置和朝向。场地规划时,一般把整个场地分为生活区、生产区、隔离区3个功能区。为便于防疫与安全生产,应根据当地全年主风向和场地地势,顺序安排以上各区,各功能区之间应有一定的间隔(图 2-1)。

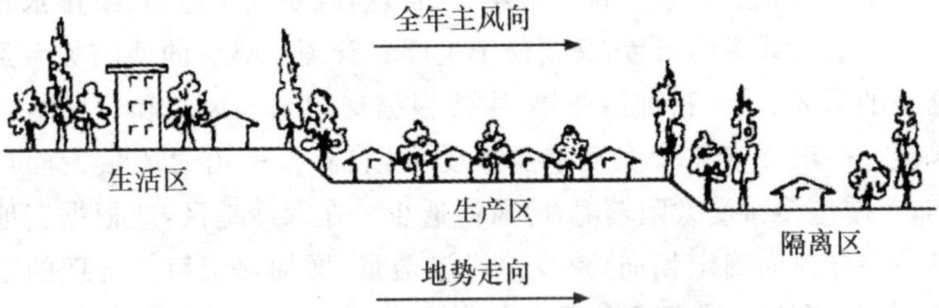

图 2-1　养貉场场区布局与风向、地势关系示意图

1. 生活区

生活区,又称生活管理区、场前区,是养貉场从事经营管理活动的功能区,与社会环境具有极为密切的联系。包括行政和技术办公室、饲料库、杂品库、配电室、水泵房、宿舍、食堂等。此区设置除考虑风向、地势以外,还应考虑将其设在与外界联系方便的位置。一般生活管理区宜设在养貉场大门附近,门口分别设行人、车辆消毒池,两侧设值班室和更衣室。饲料库通常设在管理区的一侧,紧贴生产区围墙,门开在围墙上,以避免运送饲料的车辆进入生产区,以保证安全。

2. 生产区

生产区是养貉场进行养貉生产的核心,主要安排貉舍及其生产附属设施。该区设在生活区的下风或侧风向处。区门口设消毒池和消毒更衣室,区内设各类貉舍、人工授精室、防疫卫生室(用于防疫、检疫、消毒、免疫监测)及检疫舍(用于进场和出栏貉检疫)。貉舍安排一定要考虑各类貉群的生物学特性和生产利用特点。种貉区应设在人流较少和养貉场的上风向。区内人员、貉、物品运转应实行单向流动,道路设净道和污道,且互不交叉。各道路应建成硬化、平坦、防渗漏的水泥地面或石子路面。饲料加工车间宜安排在养貉场的中间位置,既考虑缩短饲喂时的运输距离,又要考虑向场内运料方便。饲料库应靠近饲料加工车间。

养貉场内各建筑物排列应整齐、合理，既要利于道路、给排水管道、绿化、电线等的布置，又要便于生产和管理。貉舍的朝向关系到貉舍的通风、采光和排污效果，主要根据当地主导风向和日照情况确定。一般要求貉舍在夏季少接受太阳辐射、舍内通风量大而均匀；冬季应多接受太阳辐射，冷风渗透少。在寒冷地区，应根据当地冬季主导风向确定朝向，减少冷风渗透量，增加热辐射。合理的距离不仅有利于貉舍夏季的通风和冬季的采光，还有利于养貉场对疾病的控制。貉舍之间的距离以能满足光照、通风、卫生防疫、防火和解决用地的要求为原则。貉舍间距一般以 3～5 H(H 为南排貉舍的檐高)为宜。一般两排之间的距离以 10～20 m 为宜。

3. 隔离区

隔离区包括兽医室、病貉隔离舍、解剖室、贮粪场、氧化池等无害化处理设施，应设在距生产区 50 m 以上的下风向和地势较低处。该区四周设隔离屏障，如防疫沟、围墙、栅栏或浓密的乔灌木混合林，并设单独的出入口，出入口应设消毒池，内放 2%氢氧化钠溶液，以避免疫病的传播和对环境造成污染。病貉隔离舍距健康貉舍 200 m 以上，尸体处理设施距健康貉舍 300 m 以上，病死貉尸体必须做无害化处理。此外，在规划时还应考虑严格控制该区污水和废弃物，污物排放必须达到国家规定的排指标准，防止疫病蔓延和污染环境。

4. 场区绿化

养貉场植树、种草，搞好绿化，对改善场区小气候有重要意义。绿化可以美化环境，更重要的是它可以吸尘灭菌、降低噪声、净化空气、防疫隔离、防暑防寒。场区绿化可按冬季主风的上风向设防风林，在养貉场周围设隔离林，貉舍之间、道路两旁进行遮阴绿化，场区裸露地面上可种花草，使绿化率达到 40%左右。场区绿化植树时，需考虑其树干高低和树冠大小，防止夏季阻碍通风和冬季遮挡阳光。

5. 道路

养貉场各区之间及区内道路的设计，要考虑场内各建筑间以及养貉场与场外的联系、管理和生产需要、卫生防疫要求等。管理生活区与场外之间，以及管理生活区与生产区之间都必须设大门。生活管理区与生产区之间的大门主要用于消防或其他特殊需要进出用，平时关闭，人员的进出必须通过消毒"淋浴"更衣室。道路对生产活动的正常进行，对卫生防疫及提高工作效率起着重要的作用。场内道路应分净道和污道，净道与污道互不交叉，出入口分开。净道的功能是人行和饲料、产品的运输；污道为运输粪便、病貉和废弃设备的专用道。生产区不宜设直通场外的通道，生产管理区和隔离区应分别设置通向场外的通道，以利于防疫。路面要坚实、排水良好，不能太光滑，向侧面倾斜的坡度在10%左右。较大规模的养貉场，主干道路面宽度达到5.5～6.5 m，支路2～3.5 m。

6. 水塔

水塔是清洁饮水正常供应的保证，位置选择要与水源条件相适应，且应安排在养貉场最高处。

总之，养貉场布局应当根据当地的地势、地形、风向等实际情况，在遵守兽医卫生和防火要求的基础上，按建筑物之间的功能联系尽量做到建筑物最紧凑地配置，以保证最短的运输、供电、供水线路，并为实现生产过程机械化，减少基建投资、管理费用和生产成本创造条件。

第二节　貉舍与配套设施的建设

一、貉舍建筑的基本原则和要求

貉舍（或笼舍）是貉主要活动、栖息和实施养貉生产的场所，构建时必须依据貉的生物学特性和饲养管理技术，全面考虑貉舍的防寒防热、通风换气、采光照明、排水防潮等诸因素，为貉建造一个理想的生活环境。建造貉舍应遵循的以下原则。

1. 貉舍的设计

貉舍的设计必须符合貉的生物学特点，有利于环境控制和卫生防疫，便于饲养管理和经营，利于操作。建造貉舍，在设计上还应根据当地的自然气候条件，综合考虑貉舍的保温、防暑、去湿、通风、噪声隔离等性能。尽量创造一个冬暖夏凉、空气新鲜、干燥、清洁、安静，适于貉生活和生产的小环境。

2. 选材

选材要因地制宜，就地取材，用材要经济、坚固、实用，以减少建造成本。并要考虑资金的回收期，一般小型养貉场1～2年，中型养貉场2～4年，大型养貉场4～6年应收回全部投资。

3. 貉舍的规划

貉舍的规划应有利于扩大再生产。在考虑种貉舍的同时，还应考虑貉的产仔繁育、仔幼貉的生产、后备貉的选择和选育以及商品貉的生产之需。饲料库、青饲料的加工调制、病貉的隔离和治疗等附属设施，也应包括在内。

4、貉舍的建造

建造貉舍，应有利于控制和防止疾病的传播和流行，具有防鼠、防蚊蝇等有害动物进入的功能。在场地条件许可的条件下，貉舍规模不宜太大，以单列和双列貉笼为好。若利用大的旧房改造，应设隔墙划分单元。实行分群或分单元饲养，每栋（或每个单元）貉舍饲养基础母貉以50～100只为宜。

二、貉舍的建设

1. 貉棚

貉棚是安放貉笼箱的建筑，有遮挡雨雪及防止烈日暴晒的作用。貉棚结构较为简单，只需棚柱、棚梁和棚顶，不需要建造四壁，可用石棉瓦、钢筋、水泥、木材等做材料。修建时根据当地情况，就地取材，灵活设计。貉棚方向是东北到西南走向，使夏天能遮挡直射阳光，冬天能获得长时间的温暖光照。规模化养殖时，貉棚棚顶为人字形，一般长 50～100 m，宽 4～5 m（两排笼舍）和 8～10 m（四排笼舍），脊高 2.2～2.5 m，檐高 1.3～1.5 m 为宜。两排笼舍之间留 2 m 的过道，以满足喂食车可以并排通过。小规模饲养时，一般用砖石筑起离地面 30～50 cm 的地基，在上面安放貉笼，再在貉笼上面安放好石棉瓦等建成简易棚舍。

2. 笼箱

貉宜用笼箱饲养，其笼箱要放在貉棚内，一般一个笼箱养一只貉。貉笼箱分貉笼和小室两部分，是貉活动、采食、排便、交配、产仔和哺乳的场所。貉笼与小室连为一体，小室与笼间放活动隔板。

貉笼一般采用镀锌铁丝编织而成，笼底用 12 号或 14 号铁丝，笼眼方格为 2 cm×2 cm。笼的正面设规格 30 cm×40 cm 的笼门，在贴近笼底网的一角设食盆取送口；笼的背面端留规格为 20 cm×25 cm 的出入口，通向小室。种貉笼规格为 90 cm×70 cm×70 cm，皮用貉笼规格为 90 cm×60 cm×70 cm。

在貉笼背面连接小室或产箱，小室和产箱可用木板、砖或洋灰板制成。母貉产箱一般规格为 80 cm×50 cm×50 m，产箱板厚为 2.0 cm；木板要光滑，木板衔接处尽量无缝隙，用纸或布将缝隙糊严密，以不漏风为好，并且在产箱门内要有一挡板。公貉小室可以小些，规格为 50 cm×50 cm×45 cm。皮用貉小室规格为40 cm×40 cm×35 cm。小室的顶部可做成活板，以便随时取下来清扫里面的脏物。

3. 围墙

为防止逃貉及有利于防疫与安全工作，要在距貉棚 3～5 m 处修建高 1.7～1.9 m 的围墙。

三、配套设施

1. 饲料加工室

饲料加工室是冲洗、蒸煮和调制饲料的地方，室内应具备洗涤饲料、熟制饲料设备或器具，包括洗涤机、绞肉机、蒸煮设备等。室内地面及四周墙壁，须用水泥抹光（或铺贴瓷砖），并设下水道，以利于洗刷、清扫和排出污水，保持清洁。

2. 饲料储藏室

饲料储藏室包括干饲料室和冷冻室。干饲料室要求阴凉、干燥、通风，无鼠害、虫害。冷冻室主要用来储藏鲜动物性饲料，库温控制在－15℃以下。小型养貉场可在背风阴凉处修建简易冷藏室或购置低温冰柜。

3. 毛皮加工室

毛皮加工室是用于剥取貉皮并进行初步加工。加工室内设有剥皮机、刮油机、洗皮转鼓和转笼等。毛皮烘干应置于专门的烘干室内，室内温度控制在 20～25℃。毛皮加工室旁还应建毛皮验质室。室内设验质案板，案板表面刷成浅蓝色，案板上部距案面 70 cm 高处，安装 4 只 40 W 的日光灯管，门和窗户备有门帘和窗帘，供检验皮张时遮挡自然光线用。

4. 兽医室和综合化验室

兽医室负责养貉场的卫生防疫和疫病诊断治疗，综合化验室负责饲料的质量鉴定、毒物分析，并结合生产开展有关科研活动等。在养殖场大门及各区域入口处，应设相关的消毒设施，如车辆消毒池、人的脚踏消毒槽或喷雾消毒室、更衣换鞋间等。貉棚四周修建围墙，墙高 1.5 m 左右。

5. 尸体处理设备

规模化养貉场饲养密度高，规模大，疾病流行迅速、危害大，搞好病死貉处理是防止疾病流行的重要措施。对病死貉处理的原则是:对因烈性传染病(如炭疽、气肿疽)而死的病貉尸体,必须进行焚烧火化处理;对因犬瘟热等虽然传染激烈,但用常规消毒方法容易杀灭病原体的病貉和其他伤、病死亡的貉尸体,可用深埋法和高温分解法处理。毁尸坑是由砖和混凝土等修建的可密闭的尸体处理设施,一般深 10 m,直径 3 m 左右,它利用尸体厌氧分解产生的高温杀灭病原菌,适合中、小型规模化养貉场使用。毁尸坑须设置在养貉场的下风区,离生产区、河流、水井 1 000 m 以外较干燥的地方。对少量貉尸也可选择偏僻干燥的地方挖坑深埋,坑深 2 m 以上。坑挖好后,底部先撒一层生石灰,投入貉尸体,再撒一层生石灰,用土埋实(本法不适宜处理传染病死亡的貉尸体)。

第三章　貉的繁殖与育种

第一节　貉的引种

良种是提高养貉生产效益的首要因素，种貉的质量是关系到养貉成败的关键环节。引种是实现品种改良和迅速提高养貉效益的有效途径。种貉场每年更新种貉，更新率为25%～35%。为达到优质、高产和高效的目的，还需引进品种更加优良、适合本场未来发展规划的种貉。

一、引种的误区

1. 忽视种貉的健康状况

种貉的健康状况是引种时必须考虑的重要问题。在引进种貉时只考虑价格和种貉体型外貌、毛皮品质，忽视种貉的健康状况，易导致在引进种貉的同时把疾病也引进来。所选种貉必须经本场兽医临床检查无犬瘟热、狂犬病、传染性肝炎、细小病毒病等疾病，并有兽医检疫部门出具的检疫合格证明。

2. 过分强调种貉的体重

有些养貉场在引进种貉时过分强调种貉的体型，只要是体重大、体形大的貉就盲目引进，而不管其生产性能、产仔数、毛皮品质、泌乳力及母性强弱等各项指标如何。

3. 从多家种貉场引种

一些养貉场（户）错误地认为，种源多、血缘远有利于本场貉群生产性能的改善。殊不知这样做,各个种貉场的细菌、病毒差异很大,而且现在疾病多数都呈隐性感染,不同养貉场的貉混群后暴发疾病的风险性增大,所以在引进种貉时要尽量从一家种貉场引进,而不要从多家种貉场引种。

4. 忽视引种目的

引种时应注意把握引种的目的,引种是为了繁殖仔貉、出售商品貉皮,还是为了育种。如果只是生产商品貉,应侧重引进生长发育快、毛皮品质高的种貉,母貉要求母性和繁殖生产性能好,即产仔多,泌乳力高,母性强等,对体型和外表不要过于苛求。如果为了生产种貉,所引种貉必须血缘清楚,具有特定品种的外貌特征。种貉要求健康,无任何临床病症和遗传疾患(如瞎乳头等),营养状况良好,发育正常,四肢要求有力且结构良好、强健有力。

二、引种前的准备

1. 制订引种计划

养貉场(户)应结合自身实际情况,按照种群更新计划和就近引种的原则,确定引种所需品种、数量及引种场,有目的地购进能够提高本场种貉某种性能、满足自身要求以及与本场貉群健康状况相似的优良个体。引种前制订一个详细的引种计划,包括:引种地、引种数量、引种时间、运输方式、运输人员等。引入种貉的数量、年龄和性别比例,应该根据饲养目的和饲养规模有计划地选购,切勿贪大求洋。如果是用于纯繁,以提高养貉场的生产性能,最好对引进种貉进行生产性能测定。所引种貉产地的环境和自然条件须与当地的环境自然条件大体一致。另外,引种要选择合适的时机,才能更好地发挥引种优势,降低引种成本,这就需要我们对种貉市场有敏锐的洞察力和用前瞻性的眼光来分析预测养貉生产。

2. 引种厂家的选择

在种貉的种源上，引种应根据引种计划，选择已取得生产经营许可证，且质量高、信誉好的大型种貉场引种，以保证其数量和质量的稳定、可靠。要检查它们的记录，如谱系关系、品种特性、营养健康状况、年龄、免疫接种情况等，避免近亲繁殖。

3. 物质准备

要做好引种前的一切物质准备，包括运输工具的制作与消毒、饲养用具(圈舍、饲槽、饮水等)的消毒、饲料饮水的准备、隔离舍的消毒等，同时要准备一些外伤治疗和抗应激的药物，用于种貉的外伤治疗等。较长运输不能用麻袋，以免貉咬破麻袋逃跑。运输笼可用木板、铁丝网、竹子制成，其规格为 50 cm×25 cm×30 cm。

4. 应了解的情况

(1)疫病情况　调查各地疫病流行情况和种貉质量情况，从疫病为害不严重的种貉场引种，同时要了解该种貉场的免疫程序及疫病防治措施。

(2)种貉选育标准　最好能结合种貉综合选择指数进行引种。

三、引种时间与年龄

种貉引进如果在生长繁殖季节，不仅会引起种群的剧烈变动，影响生长发育，而且此期貉尚处于迅速发育时期，成年貉忙于交配、繁殖、产仔泌乳，幼貉未发育成熟，性功能尚不健全，因此难于选择出好的种貉。由于貉每年只有 1 个繁殖季节，而且季节很短，尤其母貉只有 1 个十几天的发情周期，如果引种时间不当，就会错过了最佳配种时机，只能白白浪费 1 年的时间。实践证明，种貉引进时间一般应该在每年的秋冬季节，最好在秋季。此时，气温不算太低，气候凉爽，便于较长距离运输，且这一时期貉群处于恢复期，各种生理活动都趋于正常，便于比较、选择。同时，此期貉群生长发育基本稳定。当年幼貉也已长成育成貉，有很大的选择余地，更重要的是，秋季引种以后,经过一段时间的异地饲喂,可以得到良好的机能恢复,并在次年的开春即进入繁殖季节,充分发挥繁殖效率。引种时要注意种貉年龄结构,应以当年育成貉为主,同时,引进一些 2～3 岁的、繁殖正常的公母貉,有利于当年繁殖的顺利进行。

四、引种前的检疫

引种前,兽医应充分了解对方貉群的健康状况,以制订一个切实可行的隔离与适应程序。调入种貉前应对输出地情况进行调查。输出地调查首先要调查待调入的种貉的品种、数量;其次要调查种貉输出地周围地区有无发病情况,要调查 3 年来发病种类、时间、范围和危害程度;再次要调查输出地的防疫情况、免疫动物的种类,特别是种貉的免疫实际情况,要到现场查看仔貉免疫记录是否真实,免疫时间和免疫疫苗的品种以及标志情况等,充分掌握第一手材料,做到心中有数。决定购买后,要对种貉集中进行免疫和检疫。种貉隔离观察 21 d 以后,再经检疫无异常变化,确定健康后方可准备运输。

五、妥善安排运输

为降低引种过程中带来的不良应激反应,首先要选择适当的季节和时间,运输时间上应注意原产地与引入地的季节差异。种貉运输是引种过程中最麻烦的环节,必须保证运输沿途道路畅通、无灾害发生,沿途无疫情,车辆状况良好。最好不使用运输商品貉的车辆装运种貉。在运载种貉前 24 h 开始,应使用高效的消毒剂对车辆和用具进行 2 次以上的严格消毒,最好能空置 1 d 后装种貉,在装貉前再用刺激性较小的消毒剂彻底消毒 1 次,并开好消毒证明。

要求供种场提前 2 h 对准备运输的种貉停止投喂饲料。运输笼每笼可装 1 只貉,装载种貉的数量不要过多,装得太密会引起挤压而导致种貉死亡。运输途中一定要用黑布或麻袋把运输笼光线遮暗些，保持安静，避免强烈噪声刺激。长途运输时应尽量走高速公路，避免堵车，每辆车应配备两名驾驶员交替开车，行驶过程应尽量避免急刹车。途中应注意选择没有停放其他运载动物车辆的地点就餐，绝不能与其他装运貉的车辆一起停放。要提供适量的饲料和充足的饮水，注意饮水时不要沾湿貉的毛绒，以防感冒。运输途中要适时停歇，应经常注意观察貉群，检查有无伤病貉，如出现呼吸急促、体温升高等异常情况，应及时采取有效措施。大量运输时最好能准备一辆备用车，以免运貉车出现故障，停留时间太长而造成不必要的损失。运输时应防止种貉应激的发生。车内空间要大，途中避免停留在闹市和人多的地方，谢绝参观，以防貉受惊。

六、到场后科学饲养管理

引进种貉到场时，应立即对装貉台、车辆、貉体表及卸车周围地面进行消毒，之后将种貉卸下，种貉应隔开单笼饲养。种貉下车后 1～2 h，不能喂给水和饲料。当然，天气特别炎热时，可饮少量清洁水。待貉稳定下来后，可供给少量的水和饲料，要少给勤给。饲料的供应，可在种貉到达后的 2～3 d 达到正常喂量。种貉到场后前 2 周，由于疲劳加上环境变化，机体抗病力降低，饲养管理上应注意尽量减少应激，可在饲料中添加抗生素和多种维生素，使种貉尽快恢复正常状态。

新引进的种貉，应先饲养在隔离检疫舍，而不能直接转进养貉场生产区，以免带来新的疫病，或者由不同菌株引发相同疾病。引进种貉到场后，一般需隔离 1 个月以上。隔离检疫舍应采取“全进全出”管理方式，两批引种间应彻底冲洗消毒，并保持干燥。隔离检疫舍距原有貉群至少应 300 m，以利于减少潜在病原通过空气传播的危险。如果引进的种貉无法完全隔离，应把它们饲养在经高压冲洗、消毒过的空舍内，并尽可能远离原有貉群。在隔离与适应阶段，注意观察所有种貉的临床表现。一旦发病，必须马上给予药物治疗。如果怀疑是严重的新的疾病（在原有貉群中未曾发现过），需做进一步诊断。在隔离期间，要注意观察种貉的生长生活情况，并根据当地疫病统计情况，注射必要的免疫疫苗。一般种貉到场1周开始，可根据具体情况按本场的免疫程序接种犬瘟热等各类疫苗。在隔离期内，接种完各种疫苗后，进行一次全面驱虫，使其能充分发挥生长潜能。在隔离期结束后，对该批种貉进行体表消毒，再转入生产区投入正常生产。

为了防止引入品种的生活力和遗传品质退化，应采取必要的育种措施。其中品系繁育是最重要的一项工作，通过品系繁育，除可以达到一般目的外，还可以改进引入品种的某些缺点，使之更符合当地的需求，培育成具有地区特点的新品系，而且可以避免花费大量资金重复引种。

第二节 貉的繁殖

一、貉的繁殖生理特点

1. 性成熟

笼养貉8～10月龄性成熟，其中公貉较母貉稍有提前，并因营养程度、遗传因素等不同，个体间有所差异。貉虽在10～11月龄时有90%以上的个体能投入繁殖，而仍有5%～8%还不能进行繁殖，这多是由于饲养管理不当造成性欲较差。

2. 发情季节

貉属于季节性单次发情动物，只有在繁殖季节内才能发情、交配、受惊、妊娠和产仔。貉的发情在春季，不同地区的貉发情时间稍有不同，一般在1月下旬至4月上旬，发情旺期为2月中旬至3月上旬。

3. 性周期

性周期也称发情周期，貉属于季节性单次发情动物，成年貉的生殖器官呈季节性变化，并与光照时间、温度、营养以及遗传因素等密切相关。在发情季节里，公貉能在较长时间内处于发情状态，性欲旺盛。母貉每个发情季节只有 1 个发情周期，发情期 10～12 d，发情旺期（排卵和配种期）2～4 d。

（1）公貉的性周期　成年公貉在 5～10 月份睾丸处于萎缩状态，仅豌豆粒大小，质地坚硬、弹性差，阴囊上布满被毛，紧贴于腹侧，外观不明显。9 月下旬，公貉睾丸开始缓慢发育。从 12 月下旬（冬至）以后睾丸发育加快，到 2 月中旬生殖器官发育完成，阴囊被毛稀疏、松弛下垂，睾丸富有弹性、触摸时有松软感，附睾中能找到成熟的精子，有性欲要求，表现出明显的性行为。进入发情交配期的公貉，性情活泼，趋向异性，有时侧身往笼舍边角处淋尿，发出"咯—咯"的求偶声。放对时，有交配、爬跨能力。整个发情配种期持续 60～90 d。随着发情时间的延长，公貉性欲逐渐减弱，配种能力逐渐降低，并失去对母貉的兴趣，性情变得比较粗暴，有时甚至扑咬母貉。4 月中旬后，睾丸开始萎缩，5 月份又恢复到豌豆粒大小。幼公貉的性器官随着体型的增长而不断发育，直至性成熟，以后年周期的变化和成年貉相同。

（2）母貉的性周期　大体可分为 4 个阶段，即发情前期、发情期（发情持续期）、发情后期和休情期（其发情表现参见表 3-1）。母貉生殖器官的生长发育与公貉类似，大致从 9 月下旬（秋分前后）开始发育，结束非繁殖期的静止状态，到翌年的 1 月下旬或 2 月上旬在卵巢内能产生成熟的卵泡和卵子，进入发情期。此时母貉表现为性情温顺，喜接近公貉。当公貉试图交配时，做出配合的姿势，迎合公貉交配。发情期一般持续 12 d 左右。受配母貉进入妊娠期，非妊娠貉又恢复到休情期。

表 3-1　母貉发情表现

表现	静止期（休情期）	动情期		
		发情前期	发情期	发情后期
外阴部	常态			
肿胀	无	微肿→硬肿	肿胀变软且具有弹性	松软
颜色	粉灰	赤红	粉红或略带赤紫色	紫黑色
形状	条状	椭圆无皱褶	圆形或椭圆形，皱褶呈“Y”字形、“T”字形或“十”字形	椭圆形
阴毛	密盖阴门	微分→全分开	全分开	污秽不洁
阴门开口宽度		逐渐扩大（0.35 cm→0.79 cm）	逐渐缩小（0.79 cm→0.73 cm）	逐渐缩小
阴蒂	隐于阴唇内	隐于阴唇内	裸露	缩回
阴道分泌物	无	少	多	无
颜色		黄色	白色→黄白→黄色	
稠度			浆液较稀→凝乳状较稠	
试情性行为表现	无嬉戏，拒配，有咬斗	对公貉有好感，玩耍嬉戏，排尿频次，但不接受骑乘和交配	哽叫求偶，主动接近公貉。公貉欲爬跨时，温顺驻立不动，尾歪向一侧，静候公貉交配	拒绝与公貉嬉戏，甚至怀有“恶意”，不能达成交配
持续时间	10～11 个月	7～25 d	1～4 d	3～5 d

4. 貉的交配行为和公貉配种能力

貉交配一般是公貉主动。在放对后,公貉主动接近母貉。接近母貉时,公貉往往伸长颈部,嗅闻母貉外阴部。进入发情期的母貉则将尾巴歪向一侧,静候公貉交配。这时公貉举前肢爬跨于母貉背上,后躯频频抽动,将阴茎置入母貉阴道。此后公貉后躯贴紧母貉臀部,抽动加快,两前肢紧抱母貉腰部,臀部内陷,尾根轻轻扇动,静置0.5～1.0 min,即为射精。然后母貉开始翻转身体与公貉腹面相对,“昵留”5～6 min。此时公母貉常逗吻,嬉戏,并发出特有的“哼—哼”叫声。貉的交配时间较短,整个交配过程在10 min以内者居多,交配前求偶时间 3～5 min,交配射精时间0.5～1 min。公貉的配种能力(交配次数和射精量)有较明显的差异,一般公貉 1 d 内可交配 1～2 次,每次交配最短间隔为 3～4 h,可交配 3～4 只母貉,总交配次数 8～12 次。性欲旺盛的公貉在整个配种期可交配 5～7 只母貉,最高可达 14 只,有效交配次数可达17～25 次。

5. 妊娠、产仔

貉妊娠期平均为60 d左右,变动范围为 54～65 d。产仔期从4月中旬到6月中旬,多集中于4月下旬至5月上旬。母貉受孕后食欲增强,随着妊娠期的增长母貉行动变得迟缓,老实温和,减少来往走动。妊娠到 4～5 周时,腹部明显增大,触摸时感到腹肌很紧绷,乳头增大,在腹部可摸到鸽蛋大小的胎儿。到 6～7 周时,母貉腹部逐渐下垂,脊背凹陷,行动迟缓。在东北地区母貉产仔最早在 4 月上旬,最迟在 6 月中旬,集中于4月下旬至5月上旬。临产前,母貉拔掉乳房周围的毛绒,蜷缩于小室内,多数减食或拒食。母貉产仔多在夜间或清晨,产仔时间持续 4～8 h。每隔 10～15 min 产出一只,产出后母貉立即咬断仔貉脐带,吃掉胎盘和胎衣,并舔干仔貉,完后便安心哺乳。胎产仔数 6～12 只,最多可达19 只。

6. 哺乳与仔貉发育

母貉有乳头4～5对，对称地分布于腹部两侧，产前母貉拔掉乳房周围的毛绒，使乳头裸露，以便于仔貉吮乳。仔貉毛绒干燥后，便可爬行寻找乳头吮乳。仔貉吃过初乳后便开始进入睡眠状态，至醒后再吮乳，每间隔6～8 h吮乳1次。初生仔貉体重120～127 g（初生重低于85 g时较难成活），长8～12 cm，全身只长有特别稀疏的黑色胎毛。9～13日龄睁眼。15日龄时体重已接近300 g，体长20 cm左右。14～20日龄，仔貉已长出牙齿，逐渐锋利，并开始采食少量人工饲料，25～30日龄可走出小室活动。约30日龄退换胎毛。45～60日龄即可断乳分窝。

二、发情鉴定

通过发情鉴定，可以准确掌握种貉放对配种的时间，提前发现由于饲养管理不当造成的貉生殖系统发育不良，以便及时采取弥补措施。

公貉于2月初至4月15日前后处于发情期。其发情鉴定可根据其行为变化及睾丸发育程度进行，发情公貉睾丸膨大，并下降到阴囊中，触摸时松软而有弹性，活泼好动，在笼中频繁走动，不时排尿，发出“咕—咕”的求偶声。

母貉发情较公貉略迟些，多数是2月下旬至3月上旬，个别也有到4月末的。母貉发情鉴定可根据母貉的行为变化、外生殖器官变化以及放对试情进行鉴定。在鉴定过程中，应注意有极个别母貉发情时外生殖器官没有典型变化，称为“隐性发情”“隐蔽发情”。对于不发情的母貂尽早查找原因，并及时采取补救措施。实践中，母貉发情鉴定以生殖器官的检查为主，并与放对试情和母貂阴道内容物细胞图像检查相结合。

1. 行为观察

母貉一旦进入动情期，即表现不安，运动加强，食欲下降，尿频。发情期极度兴奋,食欲进一步减退,甚至拒食,不断发出急促的求偶声。至发情后期后,行为逐渐恢复正常。

2. 母貉生殖器官检查

未发情母貉,阴门紧闭,阴毛呈束状,发情母貉视阴门肿胀程度、色泽以及有无黏液等变化情况,通常分为3期。

(1)第1期(发情前期) 阴毛逐渐分开,阴门逐渐肿胀、外翻,到发情前期的末期,肿胀程度最大,形近似椭圆形,颜色开始变暗。用手挤压阴门,有少量稀薄、浅黄色分泌物流出。

(2)第2期(发情期) 阴毛倒向四周,阴门高度肿胀、外翻,呈“十”字形或“Y”字形,阴蒂暴露,分泌物多且黏稠,此期可以放对。

(3)第3期(发情后期) 阴门肿胀逐渐,黏膜干涩;阴毛合拢,分泌物逐渐较少而浓黄,有时污秽不洁。

3. 试情放对

试情放对是检查母貉发情程度的最准确方法。当母貉放入公貉笼内时,发情母貉无敌对行为,当公貉爬跨时,母貉翘尾,抬后臀,接受交配。未进入发情期的母貉则拒绝交配,与公貉撕斗、尖叫或在貉笼一角回避公貉追逐。如发现母貉仍未达到发情适期而拒配时,应立即将母貉分出,避免母貉受到惊吓。可次日再放对,或放入其他种公貉笼内试配。用于试情放对的公貉应性欲较强,性情温和,求偶行为明显,但交配不十分急切的为好。性情暴躁、交配急切的公貉不易引起母貉的好感,其对母貉的粗暴扑咬,还容易引起母貉惊恐和性抑制。试情放对的时间不宜过长,否则公貉长时间扑咬母貉也易造成母貉性抑制,影响发情鉴定的准确性。

4. 阴道内容物涂片法

此法是用消毒的吸管,插入母貉阴道内8～10 cm,吸取阴道分泌物,往洁净载玻片上滴1滴,涂成薄层,阴干后在200～400倍显微镜下观察阴道内容物中的白细胞、角化鳞状上皮细胞和角化(圆)形上皮细胞所占的比例变化,来判定母貉是否发情。阴道分泌物中出现大量的角化鳞状上皮细胞是母貉进入发情期的重要标志。此方法适用于发情征候不明显或难配母貂的发情鉴定。

三、配种

1. 配种方法

(1)合笼饲养交配 指在整个配种季节,将选配好的公、母貉放在同一个笼饲养,任其自由交配。其优点是节省人员,工作量小。但使用种公貉较多,造成饲料浪费,且不易掌握母貉的预产期;也无法掌握公貉交配能力的好坏,不能检查精液品质,生产中多不采用此法。

(2)人工放对配种 在准确断定母貉发情后,把母貉放入公貉笼内,将公、母貉放在一起交配称为放对。貉在交配期间易受外界的干扰,因此对环境的要求较高。只有在环境安静、气温较低、空气新鲜的条件下,才能保证貉性欲旺盛,容易完成交配。放对应选择在双方性欲最旺盛的早晨或傍晚进行,初配阶段最好在清晨饲喂前放对,初配过后可以在早饲后 1 h 或下午放对。

2. 母貉的配种方式

(1)一次配种法 母貉只交配一次,不再接受交配。这种方式受胎率只能达到 70%。

(2)连续重复配种法(1+1+1 或 1+2) 即在发情母貉第 1 次交配后,于第 2 天和第 3 天连续复配 2 次。在繁殖后期,母貉初配后,也可在第 2 天复配 2 次(上午、下午各 1 次)。这种方法受胎率较高。

(3)两次配种法(1+1 或 1+0+1) 母貉初配后,次日或隔日复配 1 次。这种方式多用于发情较晚或发情时间短(即复配 1 次不再接受交配)的母貉。

(4)隔日复配法(1+0+1+1) 母貉初配后停配 1 d,再连续 2 d,复配 2 次。这种方式适于发情和排卵时间持续长的母貉。

3. 放对及配种过程中的观察和护理

放对时,可将母貉抓至公貉笼门前,来回逗引。如果公貉有求偶表现,发出"咕—咕"叫声,即打开笼门,将母貉头颈部送入笼内。放对后细心观察母貉的行为,发情好的母貉与公貉嬉戏,能很快把尾巴翘向一侧,接受公貉爬跨,还能听到求偶叫声,不扑咬而顺从公貉,这时母貉多半能达成交配。如果放对后公、母貉有敌对表现,互相撕咬挣扎,母貉躲于笼内一角发出刺耳的尖叫声或向公貉扑咬,则应立即分开或调整公貉。

放对时注意区别真配与假配,尤其要注意公貉有无射精动作,辨别真假,防止咬伤和误交。交配结束时,及时把母貉放回原笼内,同时填好配种记录。在正常饲养管理情况下,配种工作基本顺利,但有个别母貉难以交配。难配原因很多,应分析具体原因,采取相应有效措施。

4. 种公貉的利用、训练及精液品质检查

公貉在配种中起着主要作用,公貉利用率的高低直接影响配种进度和繁殖效果。公貉利用率应达到 90%以上,如果低于 70%,当年配种工作将受到影响。为了促使公貉早期参加配种,提高公貉利用率,可在配种前 1 周对公貉进行异性刺激。配种前期和中期,每天每只种公貉可接受 1～2 次试情放对和 1～2 次配种性放对,每天可成功交配 1～2 次。一般每只种公貉连续 5～7 d 每天交配后,必须休息 1～2 次后才能再放对。

对第 1 次参加配种的年幼公貉,必须选择发情好、性情温驯的母貉与其交配,以进行早期配种训练。发情不好或没有把握的母貉不能用来训练年幼公貉。经过几天的训练,一般都能交配成功。在试情放对时只要能听到"咕—咕"叫声,还会爬跨的公貉,每天坚持放对。训练公貉不能急于求成,只要公貉睾丸发育正常,性欲不减,就要持之以恒。交配过程中要注意保护公貉不被母貉惊吓和咬伤,更不能粗暴地扑打公貉,以防止产生性抑制而使其失去种用价值。

凡是已交配过的公貉，都要进行精液品质检查。精液品质检查在室内（室温 20℃以上）进行，用玻璃棒或吸管插入刚交配完的母貉阴道中 8～10 cm 处蘸取或吸取少量精液，滴在载玻片上，置于 200 倍显微镜下镜检。主要检查精子活力、形态和密度等情况。对于无精或精液品质不良的公貉应予以淘汰。

四、产仔保活技术

1. 推算母貉预产期和准备好产仔箱

为提高仔貉的成活率，加强对产仔母貉的护理工作，需在配种结束后，将母貉的预产期推算出来。貉预产期推算法比较简单，可从母貉最后一次受配日期算起，月份＋2，日期－2，即是母貉的预产期；闰年 2 月份配种的母貉，预产期则为，月份＋2，日期－1。例如，某母貉最后一次交配是在 2 月 8 日，那么它的预产期推算为：2＋2＝4（月份）；8－2＝6（日期），即该母貉的预产期为 4 月 6 日左右。一般预产期前 2 周，应将产仔箱清理、消毒。根据需要可用少量柔软的垫草絮窝。窝箱消毒可用 2%的碱水洗涮。垫草宜选柔软不易碎、保温性强的山草、软稻草等。垫草在使用前最好日晒 3 d，敲打除尘后使用。垫草应在产仔前一次絮足，不要产后缺草再临时补添，否则会使母貉受惊扰，对仔貉成活不利。

2. 难产的处理

当母貉已出现临产征候，迟迟不见胎儿娩出；或母貉频频出入窝箱，惊恐不安；或频频回视腹部并有痛苦状；或已见羊水流出，长时间不见胎儿娩出；或胎儿嵌于生殖孔，久久娩不出胎儿，均可视为母貉难产。对确认子宫颈口已开张的难产母貉，可肌内注射脑垂体后叶素或催产素催产。如经 2～3 h 还不见胎儿娩出可再注射 1 次。如药物催产无效时，可在母貉外阴部消毒后，用液状石蜡润滑阴道，用两手配合按压腹部，轻轻将胎儿推出。也可借助长柄镊子顺阴道伸入辅以腹外用手协同将胎儿拉出。必要时请技术人员协助进行。

3. 产后检查

(1)初检　健康母貉产后食欲很快恢复,乳头红润饱满,母貉活动正常。产后食欲不振为患病表现,要及时对症治疗。正常的仔貉很少嘶叫,若叫时则声音洪亮、短促有力。开箱检查可在母貉排出胎衣粪便后进行。初检主要看仔貉是否健康和吃上初乳,方法是将母貉引出窝箱后,用产箱的垫草搓手,以免带入异味。检查时动作要快、轻、准,不要破坏窝形。健康仔貉大小均匀,身体温暖,全身干燥,同窝仔貂发育均匀,浑身圆胖,肤色深黑,身体温暖,抱团卧在一起,握在手中挣扎有力,而低于 50 g 难以成活。不正常的仔貉,胎毛潮湿,身体发凉,在窝内各自分散乱爬,握在手中挣扎无力,同窝大小相差明显。吃过乳的仔貉鼻镜发亮,腹部饱满。发现没吃上乳的仔貉,要及时查找原因,采取补救措施。

(2)复检　以“听”“看”为主,通过听仔貉叫声、看母貉行为。检查重点仍是母貉泌乳和仔貉的生长发育。遇有母乳品质欠佳、仔貉生长发育不良者,要及时代养。不少母貉产后子宫恶露不净,因腹痛而不护仔,可用催产素治疗。母貉缺乳,但乳腺发育较好时,要适当催乳。

4. 保活技术

初生仔貉早期死亡的原因很多,但主要原因还是妊娠期的饲养管理问题,仔貉早期死亡原因如下:在妊娠期饲喂变质饲料,饲料单一或营养不全,导致死胎、烂胎。妊娠期饲料单一、动物性饲料供给不足或营养不全价导致母貉缺乳,仔貉在产后 24 h 内吃不上初乳,会造成全窝饿死。母貉母性不强也容易使仔貉饿死。产箱保温不好,仔貉容易冻死。产箱狭小或母貉受惊会导致仔貉压死、咬死。此外,红爪病、脓疱症等原因可引起仔貉的早期死亡。

(1)抢救仔貉　产后检查时,要及时检出死胎,了解母貉产仔数、仔貉的发育和健康情况以及母貉泌乳好坏，以便及时发现问题，减少幼貉的死亡。如果发现胎衣没吃掉，要人工扒掉，并把仔貉身上的黏液用脱脂棉擦干。脐带没断或缠身的，要用消毒好的剪刀剪断，并做消毒止血处置。母貉有乳而未拔掉乳房周围毛绒的，要人工协助拔毛，拔毛时方向由后向前比较容易。个别母貉将仔貉产在笼网上或窝箱保温不好、潮湿等，使仔貉因寒冷而暂时失去知觉，看样子和死崽一样。但经过温暖后会活过来，不要轻易放弃。

(2)催乳和补饲　生产中，可通过仔貉吮乳检查，间接判断母貉泌乳情况，必要时才捕捉检查。母貉缺乳，但乳腺发育较好时，可试用催乳药物——催乳片(3～4 片/次，3～4 次/d)催乳。仔貉生后 20～30 日龄，便开始吃母貉叼入窝箱内的饲料。生后 20 日龄时要及时补饲。仔貉从 30 日龄起，吃食速度很快，为了避免仔貂之间争食，可以将饲料放在几个食盆里。

(3)仔貉代养　仔貉在 30 日龄前主要是由母貉来护理，此期的生长发育取决于母乳的质量。在一般情况下，1 只母貉平均能哺乳 7～8 只仔貉。胎产 8 只以上的母貉，如果乳量不足，母性不强或有恶癖，就要将其仔貉部分或全部转给乳量充足、母性强、产仔期相差不超过 1～2 d 的其他母貉代养。代养时，先把代养母貉引到产箱外面，再将代养的仔貉放入箱内，或者将仔貉放在产箱出入口的附近，让母貉叼入窝内。注意饲养员的手上不要沾染异味，移仔前应用拟代养小室内的草将手搓擦。

(4)人工哺乳　可采用鲜牛奶、羊奶或奶粉等哺育，也可用鲜牛奶或鲜羊奶消毒后加少量维生素或矿物质饲料添加剂、蛋白酶配成代乳品。人工哺乳时，可用注射器装好温度约 35℃ 的乳汁，在接针头处接上滴管或自行车的气门芯，放在仔貉口中，缓缓推动注射器，将乳汁送入仔貉口腔内。仔貉开始不会吸吮，可滴入仔貉口腔内，习惯后其便可自行吸吮。以后可根据仔貉的消化和生产发育情况逐渐增加喂量，确保让仔貉吃饱。在人工哺乳时，还要经常用棉花或卫生纸轻擦仔貉的肛门和尿道口，以刺激其排泄。

第三节 貉的育种

一、貉生产性能的评定

1. 体质外貌鉴定

貉的体质和外貌与生产力有一定的关系，是貉生长发育、健康状况的标志，是选种的基本内容之一。

(1)体型　貉皮张面积与体型正相关，这一性状应向体型大的方向选育。

(2)外貌　种貉应体质强壮，健康无病，发育良好，体形结构和外貌特征符合生产类型和品种特征，无遗传病和外形缺陷。头部是鉴定貉的重要部位，头大小应与体躯协调，一般公貉的头粗重，母貉的头清秀。颈部粗细与体躯协调、与头和胸结合自然。胸宽而深，背腰宽广，凹背和凸背为严重缺陷。腹部容积大，不下垂，不松弛，呈“饱满腹”。臀部宽而圆，肌肉丰满。四肢强健有力，伸展灵活。皮肤富有弹性，被毛浓密丰厚，且光泽好，毛色符合品种特征。母貉乳头 4 对以上且排列整齐。

2. 生长发育的评定

貉生长发育的好坏，对于貉成年后的体重和体型大小、体躯结构、生产性能都有很大的影响。貉生长发育的评定重点是测定貉不同生长阶段的体重和体尺。

(1)体重　测定体重的方法是直接用衡器称取貉的重量。称重应在早晨饲喂前空腹时进行，而且应当连称 2 d，以克(g)为单位取其平均数。常用的体重指标有：初生重、断乳重、3 月龄重、4 月龄重、6 月龄重和 1 周岁重。1 周岁以后，每年需测定 1 次。

(2)体尺　测量体尺的项目,依使用目的的不同而不同。作为一般的选种测定项目时,通常只测定体长、胸围2项,必要时加测头长、头宽、肩高、腰高、腰宽、腰围等项目

体长是从貉鼻端至坐骨端的直线长度,用来表示貉体躯长度的发育情况。测定时可用直尺直接测定这两点的长度。

胸围是在貉肩胛后缘绕胸廓1周的长度,用软尺度量。胸围表达了胸部的容积和发育状况。用软尺测量时应松紧适度,不可过松或过紧。

体尺的测量一般从3月龄开始,可与称重同时进行,每次测量时应该对同一部分连续测量2～3次,然后将测得的数据计算出平均数,以代表该次测量的结果,这样可一定程度地减小误差。体长、胸围测量,均以厘米(cm)为单位,精确到0.1 cm。

3. 繁殖性能的评定

繁殖性能是指貉繁殖后代的能力,包括产仔性能和哺育性能两方面。产仔性能用产仔数、产活仔数和初生窝重来评定,哺育性能用仔貉成活率、泌乳力和断乳窝重等来评定。

(1)产仔数　指母貉的实产仔貉数,包括活仔、死胎、畸形胎儿。

(2)初生窝重　指初生时该窝所有活仔貉的总重量。

(3)产活仔数　指称量初生窝重时活仔貉数。

(4)断乳活仔貉数　指断乳时存活的仔貉数。寄养出去的仔貉不计在内。

(5)断乳仔貉成活率　指断乳时成活的仔貉占所产活仔貉数的百分比。

(6)泌乳力　用3周龄仔貉的增重表示,包括寄养仔貉,以克(g)为单位,取其整数。

(7)断乳窝重　指断乳时全窝仔貉的总重量,其中包括寄养仔貉在内。

(8)母貉的繁殖习性与母性状况　这些性质对于提高母貉的繁殖性能也很重要，这些性能包括：是否有习惯性流产、产前是否会拉毛营巢、是否有在产箱外产仔的恶癖、是否产仔后不给仔貉哺乳、有无残食仔貉的现象等。

(9)公貉的繁殖性能　评定公貉的繁殖性能主要看公貉的体格是否强壮，性欲是否旺盛，配种能力强不强，精液品质好不好。

4. 裘皮用性能的评定

(1)皮张面积　一般由前肩(或颈中部)至尾根量取皮张长度，由中腰或两肷处量取宽度，长度乘以宽度得出面积，以平方厘米(cm^2)计。皮张面积是决定其价值的重要因素，因此貉应向体型大的方向培育。

(2)皮张厚度　一般以两体侧中部的厚度作为皮张厚度的代表。

(3)皮张质地　要洁白、致密、均匀、厚薄适中。

(4)被毛　被毛的长度、密度、均匀度与貉皮外观和价值有密切关系，要求被毛密度大，毛长适中，表面整齐，针、绒长度适宜，比例适中，绒毛丰厚，毛被弹性好。

①被毛长度：貉的被毛较长，背部针毛可达 11 cm，绒毛可达 8 cm。毛过长会使毛皮的被毛不挺立，不灵活，易粘连。因此，貉被毛长度这一性状，应向短毛方向选育。

②被毛密度：被毛的密度与毛皮的美观和保温性能密切相关，被毛密度较高，在育种上不是迫切需要考虑的性状，重点应放在巩固其遗传性状的稳定性上。

③被毛颜色和色型：貉的野生型毛色个体间差异较大，由青灰色到棕黄色。按目前人们对貉皮毛的要求，颜色越深越好。因此，毛色应向灰色方向选育，中国农业科学院特产研究所利用野生貉中发现的白色色型的貉。白色貉皮可用来染成各种所需要的颜色，价值较高，育种上白色貉应向高纯度方向选育。对于野生貉来

说，还可能出现其他毛色突变体，应注意保护、收集和培育，以丰富貉皮色型。

④背腹毛差异：貉的背腹毛差异较大，影响了毛皮的有效利用，研究表明，貉的背腹毛的差异与其体矮肢短有关系，因此，可通过间接地选择体高这一性状，来缩小背腹毛之间的差异。

二、选种方法

1. 个体选择

个体选择主要根据貉本身的质量性状或数量性状在一个貉群内个体表型值的差异，选择优秀个体，淘汰低劣个体。这种方法适用于一些遗传力高的性状选择，因为遗传力高的性状，在貉群中个体间表现型的差异明显。选出表现型好的个体，就能比较准确地选出遗传上优秀的个体。青年种貉要求体形匀称、活泼有神，眼结膜和鼻镜要湿润。种貉要求体形大，成年公貉应超过 10 kg，成年母貉应超过 8 kg，尾长而蓬松。短粗胖的母貉原则上不能选购和留作种用。种貉体重、体长标准见表 3-2。种貉应被毛密度高、针毛齐全、色泽光润、背腹毛相似；针毛为深黑色，针毛白色且卷曲的不可作为种用，并且针毛要均匀；绒毛丰厚细密，色泽应为青灰色或红棕色，其他颜色不好。种公貉的毛绒品质最好是一级的，三级的不应留种，母貉的毛绒品质最低的也应是二级的。貉毛绒品质鉴定见表 3-3。不论公、母种貉，选种时各部位都不能有明显的缺陷，如公貉单睾、隐睾，母貉奶头数太少、瞎乳头等。经产种貉应根据记录、档案进行挑选。对脱换毛绒很晚，经常嗝吐的以及频频晃头，大小便习惯性撒在食盆里的都不应留作种用。母貉要求性情温顺、母性强、产仔多、泌乳力强、毛绒密而细、断乳后体况恢复快、无恶癖。

表 3-2 种貉体重、体长标准

选种时间	体重/g		体长/cm	
	公	母	公	母
断乳幼貉	1 400 以上	1 400 以上	40 以上	40 以上
5～6 月龄幼貉	5 000 以上	4 500 以上	62 以上	60 以上
每年 11～12 月份	6 500～7 000	5 500～6 500	65 以上	55 以上

表 3-3 貉毛绒品质鉴定

鉴定项目	等级		
	一级	二级	三级
针毛			
毛色	黑色	接近黑色	黑褐色
密度	全身稠密	体侧稍稠	稀疏
分布	均匀	欠匀	不匀
平齐	平齐	欠齐	不齐
白针	无或极少	少	多
长度	80～89 mm	稍长或稍短	过长或过短
绒毛			
毛色	青灰色	灰色	灰黄色
密度	稠密	稍稀疏	稀疏
平齐	平齐	欠齐	不齐
长度	50～60 mm	稍长或稍短	过长或过短
背腹毛色	差异不大	差异较大	差异过大
光泽	油亮	欠强	差

2. 系谱选择

系谱即为种貉的家谱，系谱记录个体本身及其祖先的出生日期、体尺、体重、生产成绩及遗传缺陷。距个体越远的祖先，对育种的影响越小，生产中系谱一般记录3～5代。系谱上的资料来自于日常工作的各种记录，如产仔数、各时期的体尺、体重、日增重等。系谱选择是通过查阅和分析各代祖代的生产性能及其他材料，了解该种貉的血缘情况，估计该种貉的种用价值，为选配提供参考。研究表明，影响貉品质最大的是父母代，其次是祖代，再次是曾祖代。考察系谱的重点是父母代的品质和各代的品质趋势。系谱选择中，如果逐代品质性状改进与提高，遗传性稳定，则选这个个体，其后代可能是更好的。反之，逐代品质性状递减，则该个体应于淘汰。所选个体都必须进行体质外貌鉴定、谱系审查，防止有害基因和遗传疾病的传入。

3. 后裔鉴定

后裔鉴定就是通过后裔测定，将不同个体的子女表型值进行高低对比，从而确定该个体是否选留的方法。这种鉴定法证实了所选出的种貉是否能够把遗传品质真实地稳定地传给下一代。在鉴定时应给后裔提供相应的饲养管理条件。在鉴定时，不宜根据个别劣质的后裔就对种貉做出否定的结论。正确的方法是必须对体形、体质、生长、发育速度、毛绒品质、饲料利用、生活力和抗病力等多种性状进行综合考查后再做结论。

4. 指数选择法

在做貉的选择工作中，很少只选择一个单一性状，而是常常同时选择几个性状，将要选择的几个性状根据其遗传力、经济重要性以及性状间的表型相关和遗传相关，进行适当的加权而制订可以相互比较的数值，即选择指数；再根据每个个体指数的高低选择种貉，这种选种方法称为指数选择法。

三、貉的选种步骤

根据育种工作的需要，可分3个阶段进行选种。

1. 初选

在5～6月份仔貉分窝前后进行，经产母貉主要根据繁殖能力，幼貉主要根据发育情况进行。成年公貉配种结束后再进行一次初选，选择配种早、性情温顺、性欲旺盛、交配能力强、配种次数15次以上，精液品质好，所配母貉空怀率低，产仔数多的留种。成年母貉除考虑毛绒品质和体形大小外，还应考虑繁殖情况，选择发情早、交配顺利，产仔早，胎产仔数7只以上，母性强、泌乳量充足、幼貉发育正常的留种。凡患乳腺炎未治愈、母性不强，仔貉成活率低、连年空怀、难产及做过剖腹产手术的母貉一般应淘汰。幼貉要选择双亲繁殖力强，同窝仔数5只以上，性情温顺，发育正常，谱系清楚，采食较早，外生殖器正常，母貉乳头数在4对以上的个体留种。初选时符合条件的经产母貉全部选留，初选留种的数量比计划留种数多40%。

2. 复选

在9～10月份进行。成年貉根据体质恢复和换毛情况，幼貉根据生长发育和换毛情况进行，成年貉除个别有病和体质恢复较差者外，一般作为种貉。育成貉选择生长发育快，体质健壮，体型大和换毛早、换毛快的个体留种。将那些食欲不振、发育不良、体弱、消瘦或过肥，患自咬症等疾病的个体全部淘汰。复选的数量比计划留种数多20%～25%。

3. 精选

在11～12月份根据选种条件和综合鉴定情况，对所有种貉全部进行1次精选，最后按生产计划定群，精选时把毛皮品质列为重点。复选时要注意淘汰单睾、隐睾和睾丸发育迟缓公貉和外阴畸形或不正的母貉。并且淘汰对环境不良刺激（声音、气候、颜色、气味等）过于敏感的貉。种貉的公母性别比例一般为1∶(3～4)，貉群较小时可按1∶(1～2)留种。种貉组成以成年貉为主，成年貉、幼貉比例7∶3～1∶1。

四、骆的选配

选配就是有目的、有计划地决定公、母骆的交配，选配的任务就是尽量选择亲和力好的公、母骆交配，保证产生优良的后代。

1. 选配的意义

选配是研究和制订与配个体的种群特性和配种关系。在骆的育种过程中，其相同类型和不同类型间，不同品质个体间交配，其后代的基因表现型是大不相同的。有计划地选配，可以更好地组合后代的基因型，塑造更符合育种目标所要求的骆群或利用其杂交优势，提高生产效率。选配是选种工作的继续，两者有机的结合，才能为育种工作奠定良好的基础。

2. 选配的原则

为了更好地完成育种目标规定的各项任务，不仅要考虑与选配个体的品质和相互间的亲缘关系，还要考虑相配个体的种群特性及对它们后代的作用和影响。在分析个体和种群特性的基础上，应力求增强其优良性状和克服不良缺陷。为了做好选配工作和制订选配计划，应注意如下事项。

(1)尽量选择亲和力好的种群和个体来交配　无论是种群间还是个体间。都应选择选配组合后裔表现良好，质量明显提高的种群和个体来交配，以期达到育种的目的。

(2)公骆的品质等级要高于母骆　因公骆具有带动和改进整个貂群的作用，而且留种数量较少，所以其质量等级要高于母骆，对特级、一级公骆应充分利用，二级公骆则控制使用。公骆的最低等级要同于母骆，绝不能低于母骆。

(3)相同缺点或相反缺点者不宜选配　选配中具有相同缺点或相反缺点的公母骆不能交配，以免加重其缺点的发展。

(4)不要任意近交　近交只宜控制在育种核心群中使用。一般繁殖群不宜近交，可防止因近交繁殖而导致的退化。同一公骆在同一种群内使用年限不宜过长，应注意种群的血缘更新工作。

(5)搞好同质选配　优良的公、母貉一般情况下都应进行同质选配，在后代中巩固其优良品质。一般只有对品质欠优的母貉或为了特殊的育种目的才采用异质选配。杂交改良中也不应用杂交后代的公、母貉来做种貉。

(6)个体选配的注意事项　个体选配中在体型的选配上，不宜选过大的公貉与过小的母貉交配；年龄选配上，不宜用小公貉与小母貉交配等。

(7)不同色型间不宜乱配　不同色型的貉之间非育种需要不宜交配。否则，交配后所生的杂种貉，不仅降低种用价值，而且其杂色的商品皮，也会因毛皮不正而影响经济效益。

3. 品质选配

品质选配是从考虑交配双方品质对比的角度而进行的一种选配，可分为同质选配和异质选配 2 种。

(1)同质选配　就是选择生产性能或其他经济性状相同的优良公母种貉交配，目的就是将这些优良性状在后代中保持和巩固，使优秀个体数量增加，群体品质获得提高。例如为了提高貉的毛密度，就应选择毛密度性能好的公、母貉交配，使所选性状的遗传性能稳定下来。在育种实践中，当出现理想类型之后，可采用同质选配，使其尽快固定下来。为了提高同质选配的效果，选配中以一个性状为主。高遗传力的性状，如体形、外貌，同质选配的效果较好；低遗传力的性状，如产仔数，其效果较差。采用同质选配时应避免选择在品质上有相同缺点的公、母貉进行交配。

(2)异质选配　分为 2 种情况：一种是选择具有不同优良性状的公、母貉进行交配，以期获得兼顾双亲优良性状的后代。如选择生长速度快的种公貉与产仔性能好的母貉交配。另一种是选择同一性状但优劣程度不同的公母貉交配，以优改劣，提高后代的生产性能，例如体型大的公貉与体型小的母貉。以优改劣的选配要有明确的针对性，只有改良者具有被改良者所缺乏的优良性能时，这种改良才有效。异质选配的主要作用是集合了双亲的优良性状，增大了后代的变异性，增加了基因型类型，增强了后代的适应性和生活力。因此，为了打破貉群停滞状态，通过性状的重组获得理想型，品种培育的初期，需要应用异质选配。在选配实践中，同质选配和异质选配两种方法很难截然分开，有时两种并用，有时交替使用，互相促进。

(3)品质选配的运用　同质选配与异质选配是个体选配中最普遍最常用的两种方法，有时二者并用，有时则交替使用，二者互相创造条件，互相促进，很难截然分开。在同一群体中，只能说某一时期以异质选配为主，而另一时期则转为同质选配以求固定。在不同群体中，育种群应以同质选配为主，而在繁殖群则可以异质选配为主。即使在同质选配时期，也只能是在主要性状上要求同质，而在其他性状上却可能是异质的。一次性的同质选配或异质选配，其所得的任何进展，在停止选配后都有可能不久就消失，因为在随机交配的条件下，群体又将迅速回到其初始状态的变异。事实上，要求选配双方各个方面的绝对同质或绝对异质是很难做到的。

4. 亲缘选配

亲缘选配是从考虑交配双方亲缘关系远近的角度进行的一种选配。如双方有较近的亲缘关系，就称为近亲交配，简称近交；反之，称为非亲缘交配，更确切地称为远亲交配，简称远交。

(1)亲缘交配(或称近交)　凡是从共同祖先到交配双方的世代数总和不超过5代的交配都看作是亲缘交配。但在实际育种工作中的近交往往比上述世代数要少，通常只是把系谱的父系与母系有共同祖先的个体看成是近交的产物。近交有害，这是人所共知的事实。因此，无论是繁殖场，还是商品生产性养殖场，一般都应避免近交而采用远交。为了避免不必要的近交衰退，在养貉场内必须保持有一数量的基础群，尤其是公貉数量。一般养貉场至少应有10只左右的种公貉，而且应保持有较远的亲缘关系。必要时还可输入同品种、同类型而无亲缘关系的公母貉进行血液更新，来丰富养貉场的遗传结构。但是，有亲缘关系的个体基因型比较一致，通过近交能进一步改变后代群体的基因型频率，使双亲某些杂合等位基因在后代群体中趋于纯合，分化成有明显差别的纯合类型，所以在毛皮动物育种中近交又有其特殊用途。有时为了达到某种目的，又往往需要这种选配方式。实践中，近交主要在固定优良性状、揭露有害基因、保持优良个体的血统、提高群体的同质性时才可慎重应用。

(2)非亲缘交配　一般将从共同祖先到交配双方的世代数总和超过5代以上的交配看作是非亲缘交配。系谱以外的祖先可以说对个体的遗传影响很小，既不容易也没有必要再去考查。在实际交配繁殖过程中往往以系谱为准，如果交配双方的系谱中没有共同祖先，就可认为是非亲缘交配。后代群体中杂合子等位基因趋于纯合的速度会因非亲缘交配而减慢，因而非亲缘交配有利于保持群体较强的生活力。在毛皮动物育种和改良中，非亲缘交配的用途很广，除了采用亲缘交配加速固定性状外，经常采用的就是非亲缘交配。特别是在商品群体生产中，更是采用完全的非亲缘交配来避免因近亲交配导致衰退而造成的经济损失。

5. 年龄选配

年龄选配就是根据交配双方的年龄进行选配的一种方法。因为年龄与貉的遗传稳定性有关，同一只貉随着年龄的不同，所生后代品质也往往不同。因此，貉的交配，应以年龄的不同进行选配。实践证明青年公、母貉交配所生后代，生活力和生产力较高，遗传性能比较稳定。在貉的繁殖中，要发挥壮年貉的核心作用，适宜和不适宜采用的模式如下。

适宜采用的模式	不适宜采用的模式
青年♂×壮年♀	青年♂×青年♀
老年♂×壮年♀	老年♂×青年♀
壮年♂×壮年♀	青年♂×老年♀
壮年♂×青年♀	老年♂×老年♀
壮年♂×老年♀	

注：以上♂代表公貉，♀代表母貉

6. 种群选配

"种群"是种用群体的简称，是一个范围不定的泛称，小可以指一个动物群体或品系，大可以指一个品种或种属。种群选配主要考虑的是与配个体所隶属的种群特性和配种关系，是根据与配双方隶属于相同或不同的种群进行的选配。在组织貉交配中过程中，不仅要做好个体选配，即根据与配个体的品质、亲缘关系、亲和力等进行选配，而且还必须掌握与配个体所隶属的种群（如品种、品系）特性和配合力来合理而巧妙地进行种群选配。以此来更好地组合后代的遗传基础，培育出更理想的个体或群体，或更能充分利用其杂种优势。

（1）纯种繁育　简称纯繁，是指在本种群范围内，通过选种选配、品系繁育、改善培育条件等措施，以提高种群性能的一种方法，属于同种群选配。其基本任务是：保持和发展一个种群的优良特性，增加种群内优良个体的比重，克服该种群的某些缺点，达到保持种群纯度和提高整个种群质量的目的。纯繁可巩固遗传性，使种群固有的优良品质得以长期保持，并迅速增加同类型优良个体的数量；纯繁可提高现有品质，使种群水平不断稳步上升。当貉已具备育种要求，不需要再进行重大改良时，可采用纯种繁殖，以保持和巩固本类型的优良性状，逐年进行选优去劣，不断扩大种群。

采用纯种繁育提高貉品质和培育新型貉，最基本的方法是进行品系和品族繁育。品系不仅来源相同,而且性状相似,并与类型标准相符。系祖应是貉群中最优秀的个体,并且有独特的优良性状,其余性状也应满足种貉育种指标的要求,而且有良好的遗传性能。具体做法是先选择1只或几只近亲的具有优良品质的公貉,作为品系繁育的原始材料,使它与几只从貉群中选出的最好的母貉进行同质选配,经过3～4代的近交,可以获得与系祖同样优良的甚至超过系祖的一定数量的种貉群。培育品系必须进行严格选择,后代中不符合要求的要严格淘汰。品族是1只有优良遗传性状的母貉为族祖的后代,但只限于母貉,品族是品系内更为近似的貉群。1个品系通常应有8～12个品族。

(2)杂交繁育　就是异种群选配,是选择不同种群的个体进行配种。因为本地种貉数量多,适应性强,繁殖力高,通常用于杂交繁育的母本多半采用本地种貉,而采用的父本(改良者)多为引入公貉。选择两个亲本时,应是具备本类型特征的纯种,特别是引进的父本,应具有良好的遗传性能。在养貉生产中常用级进杂交,此法可以较快地改良原有品质较差的种貂群。一般级进杂交3～4代,杂交效果较明显。杂交所生的后代,往往具有"杂种优势",即在生活力、适应性、抗逆性以及生产力等诸方面都比纯种有所提高。在以生产为主的养殖中,杂种优势利用是一个不可缺少的重要环节。

五、本品种选育

本品种选育,一般指在品种内部,通过选种、选配、品系繁育等手段,改善本品种结构,以提高该品种性能的一种育种方法。它的含义较广,实际应用中也比较灵活。不仅包括育成品种的纯繁,而且还包括某些地方品种、类群的改良与提高,甚至在技术措施上有时还不排除某种程度的小规模杂交。实践证明,进行本品种选育对其遗传性能和生产力的巩固与提高是可靠的。

在进行本品种选育或培育新品种时，应该成立相应的育种组织，负责组织领导本品种的保种、选育和提高等一切日常工作，真正做到有计划地育种，随时掌握选种效果和育种进度，以保证取得良好的育种效果。注重开展貉种用价值评定工作，积极开展品系繁育，并建立健全育种体系。

貉有特定产区，其形成、存在与发展有着深远的自然和社会原因。就本地品种而言，往往具有某些独特优点和遗传性能稳定的特点，但不同区域的品种在性能水平上可能差异较大。对于本地品种的选育，一般应采取如下措施。

①在普查资源的基础上，做出客观评价，做到选育目的明确。

②确定品种选育基地，建立育种群，有计划地进行本品种选育。

③对现有数量较少、经济效益不高的品种，要建立保种群或保种区，稳定基本母貉群体数量，配备足够的种公貉，可采用各家系等量留种、交叉选配的制度，防止因近交系数的上升过快而导致品种衰退。

④在遗传资源得到妥善保存的基础上，合理地加以利用，正确处理保护与利用的关系。

⑤将有计划的选种选配与科学的培育有机地结合起来，采取科学饲养管理等培育措施，真正使其质量与纯度得到提高。

⑥加强组织领导，搞好选育协作，建立良种登记制度和性能测定规程等，以推动良种选育工作。

六、繁育群体的划分

貉在人工驯养条件下，为了进行良种繁育，不断提高种群生产性能，必须进行选种和选配等育种工作。一般地，对貉可以以群体选种和选配为主。在育种管理上，往往将群体划分为育种核心群、生产群和淘汰群。育种核心群的主要任务是使貉不断地朝着人类所希望的培育目标发展，逐步走上品种化，并主要担负起繁衍后裔的任务,往往给予精心培育和驯养。生产群的主要任务是生产商品,在饲养标准上要比育种核心群低,在养貉场内往往占有最大的数量比例,是产品的主要来源,驯养场的产品生产和产值收入都受到生产群的制约。淘汰群是由生产力低下、老龄、病弱的个体组成,从生产价值上看,暂时尚有产品和利润收入,但已需逐步淘汰。

第四节 提高貉繁殖力的措施

影响貉繁殖力的因素很多,可以把它概括为遗传因素、营养因素、环境因素和管理因素等,这些因素可以通过不同的途径,直接或间接地影响着公貉的配种能力,精液品质和母貉的正常发情、排卵数和胚胎的发育,最终影响到貉的繁殖力。提高貉繁殖力的潜力很大,为此,我们针对这些因素提出以下技术措施,以提高貉的繁殖力。

一、培育优质高产的优良种貉群

只有良种才能产出优良的后代。首先,在建场时就应引入高产的优良种貉,并不断地进行选育和提高。可采取不断淘汰生产性能低、母性差、毛绒质量低、毛色差的种貉及其后裔,保留生产性能优良的种貉及其后裔,经过3～5年的精选和淘汰,就会使种群品质大为提高。其次,选留优良种貉,控制貉群年龄结构,保证稳产高产。生产实践证明,2～4岁母貉的繁殖力最高,因此,在种貉群年龄组成上,应用经产适龄老貉为主,每年补充的繁殖幼貉不宜超过50%,种貉的利用年限一般为4～5年。

二、平衡营养,科学管理,保持种貉良好体况

饲养管理水平与貉的繁殖力密切相关,是提高繁殖力的基础和保障。优越的饲料条件,饲粮营养全价,能使貉的繁殖力得到充

分发挥。种母貉过肥,体内脂肪会压迫输卵管,使其内壁纤毛活动受到影响,卵子排出后到达输卵管和子宫受阻,造成空怀;种母貉过瘦,会因体质弱,受精卵难以坐胎,造成空怀率较高。公貉过肥,其性欲会减退,爬跨能力降低。准确鉴定种貉体况最科学的方法是利用体重指数比较法。体重指数是指种貉的体重(g)除以体长(cm)所得的数值。体重称重以饲喂前1 h为准,体长为鼻尖到尾跟的直线长度。在配种前种貉较理想的体重指数为100～110 g/cm。

笼舍的设计要合理,舍内活动面积要大些。在阴暗的室内饲养,不合理增加或减少光照,噪声及环境嘈杂等,都会影响貉的发情、配种、妊娠、产仔和哺乳各个环节,使繁殖力下降。貉是季节性繁殖动物,而季节性繁殖主要受光周期因素的制约。因此秋分以后,要将种公貉放在向阳一侧饲养,让种貉接受自然光照,以促进种貉性腺和生殖器官的发育。如果将其饲养在日光照射很差的地方可导致不发情及出现不配种的现象。

三、准确掌握母貉发情,科学配种

正确鉴定发情,适时配种是提高貉繁殖力的关键。从1月下旬开始,每隔2 d检查1次发情情况,以便及时发现发情母貉,及时组织放对试情。貉为季节性单次发情动物,其排卵是不同期的,增加复配可诱导多排卵,精子与卵子相遇而受精的机会也多,从而可减少空怀,提高受孕率和产仔数。一定要严格区别不发情和隐性发情,坚决防止漏配,杜绝人为造成的不孕。商品貉生产场提倡多公复配,以避免因单公交配精液品质不良而造成空怀或胎产仔数少的现象,从而提高繁殖力。

四、合理利用种公貉

应加强对种公貉的饲养,科学补饲,提高精液品质和配种能力，淘汰劣质公貉。配种期应适当掌握公貉的交配频度，保证营养，使其在最短的时间内恢复体力，注意检查精液品质，这是保证交配质量，提高公貉利用率的关键。

五、注意种貉驯化

有些初配公貉配种时神情紧张，稍有不适就会反感或不安，从而抑制性欲，导致配种失败。种公貉早期的配种训练非常重要，尤其是幼龄公貉第 1 次交配都比较困难，给予小公貉完全发情、性情温顺的老母貉或刚配过的老母貉进行训练配种，一般就会成功交配。日常饲养时，应注意种貉驯化，饲养人员应通过饲喂、梳毛等与其经常接触，使其达到不怕人的程度。配种前可以利用鱼、肉块、水果、青菜等食物做诱饵，每天进行逗诱抚摸，经过 1～ 2 个月的饲养，不仅可增强种貉的体质，也可使其性情温顺，无恶癖，不择偶，不怕人抓放，与人建立友好情感，从而与那些有恶癖的母貉也能够得以交配，减少空怀。

六、加强疾病防治

必须通过检疫、免疫接种、日常消毒加强疾病的预防工作，确保繁殖正常，特别要加强布鲁氏菌病、钩端螺旋体病、加德纳氏菌病、绿脓杆菌病、细小肠炎病毒、附红细胞体病毒、大肠杆菌等疾病防治工作。配种前 0.5～1 个月必须进行防疫注射，增强母貉免疫力，保证妊娠期内不发生传染病。

第四章　貉的营养与饲料

第一节　貉必需的营养物质

貉和其他动物一样，具有摄食、消化、吸收营养物质和排泄废物以及呼吸、体液循环、维持体温、机体运动等机能活动。在这些机能活动过程中，机体需通过捕食食物，经消化分解吸收，在体内发生复杂的生理生化反应（即新陈代谢）而转化合成机体的各种营养物质。也就是说，构成貉机体的营养物质是由貉采食的饲粮转化而来的。各种饲料中的营养物质主要包括能量、蛋白质、脂肪、碳水化合物、维生素、矿物质和水等。这些营养物质对貉机体的生长、发育、繁殖和恢复以及貉机体对物质和能量的消耗，都是不可缺少的。其中，水是生命活动的基本要素，碳水化合物、脂肪和蛋白质是机体能量的来源，矿物质和维生素是维持生命所必需的物质。要提高貉繁殖力和生产性能，必须供给其足够的营养物质。一旦缺乏某些营养，则幼貉生长发育缓慢；公貉产生精子的量少，精子活力低；母貉卵胞发育受阻，导致受精率降低。即便是有优良遗传品质，在不良的营养条件下，也会逐步退化。

一、能量

生命活动的基本特征是新陈代谢，貉在新陈代谢过程中，不断地与生存环境之间进行着物质与能量的交换，这是生命得以生存的根本原因。貉的各种生命活动都需要能量以维持生命，如心肺和肌肉的活动、组织的更新、生长形成体组织等。能量多余时则以脂肪的形成储存于肾周围及皮下等处，使貉变肥。貉机体经常摄取的营养物质包括碳水化合物、脂肪、蛋白质、无机盐、水和维生素，其机体能量来源于碳水化合物、脂肪和蛋白质等三大营养成分。能量是貉饲粮营养成分中用量最多的营养成分，也是缺口最大的资源。在实际饲养中，饲粮喂量不足、营养物质不平衡、饲粮中浓度太低等原因引起貉能量不足时，幼貉生长发育缓慢，甚至停止生长，机体消瘦，初情期延迟，被毛暗淡而缺乏光泽；配种期母貉性激素分泌降低，性器官机能减退，卵泡内滤泡的成熟不能正常进行，严重时母貉停止发情和排卵；妊娠期母貉受胎受到影响，胎儿易流产或被吸收，所产仔貉软弱，生命力不强；公貉精液品质下降，精液量少而稀，精子数少，活力差，畸形精子增多，所配母貉受孕率很低，严重不足时，性机能减退，睾丸萎缩，性欲丧失。饲粮能量水平过高，同样会对貉的健康和生产性能造成不良影响。能量的水平过高，首先是影响母貉的正常繁殖，高能日粮会使母貉性周期紊乱、难孕、妊娠母貉胎儿发育不良及难产等；其次是母貉会由于乳腺内大量沉积脂肪妨碍腺体组织的正常发育，从而使泌乳貉受损，泌乳量减少，乳腺炎的发病率高。饲粮能量水平过高，则会引起种公貉脂肪沉积，体躯肥胖，体况不佳，使性机能严重减退。

二、蛋白质与氨基酸

1. 蛋白质

蛋白质是由氨基酸组成的一类数量庞大的有机物质的总称，是一切生命活动的物质基础。蛋白质是貉机体组织各种细胞原生质、各种酶、激素及抗体的基本组成成分。蛋白质在生命活动中起着决定性的作用，其营养功能是脂肪、碳水化合物所不能替代的。貉所采食的饲料蛋白质主要是用于在生命活动过程中增长新的组织、补充旧组织、修复疾病性损伤等。如果貉在人工养殖时长期处于饥饿状态，得不到外源蛋白质的补充，机体为维持正常的生命活动，则将体内蛋白质分解为氨基酸，经脱氨基等作用转化为糖或分解产热供代谢需要。当机体缺乏蛋白质时，表现为消瘦、贫血、食欲大减，缺乏活力，抗病能力降低，易发生感染而导致死亡。

2. 必需氨基酸

尽管蛋白质的化学成分、物理特性、形态、生物学功能等方面差异很大，但这些蛋白质都是由 20 多种不同的氨基酸分子构成的，因此说氨基酸是构成蛋白质的基本单位。这些氨基酸按貉的营养需要，通常可分为必需氨基酸和非必需氨基酸。所谓必需氨基酸指貉不能合成或合成速度不能满足机体需要，必须由饲料蛋白质供给的氨基酸。非必需氨基酸则是指貉体内合成量多或需要量小，不经饲粮供应也能满足正常需要的氨基酸。对貉而言，必需氨基酸有 10 种：赖氨酸、蛋氨酸、亮氨酸、异亮氨酸、苏氨酸、缬氨酸、色氨酸、苯丙氨酸、组氨酸、精氨酸。以上 10 种必需氨基酸，缺少了任何一种，都会限制蛋白质中其他氨基酸的利用。如赖氨酸是脑细胞、生殖细胞、核蛋白的组成成分，也是血红蛋白不可缺少的成分。如果食物中长期缺乏赖氨酸，则生长停滞、骨钙化失调、机体消瘦。在保证貉营养平衡的情况下，机体对必需氨基酸的需要一般可以得到满足，但在幼仔时期，如果饲粮中谷物饲料多而动物性饲料(指乳、卵、肉、鱼、虫等)过少，则可能发生赖氨酸、羟丁氨酸甚至蛋氨酸的缺乏，这些必需氨基酸的缺乏，将限制机体对饲料蛋白质中氨基酸的利用。因此，必须采用补充富含必需氨基酸的饲料，来满足貉对这些必需氨基酸的需要。一般认为，饲料中蛋白质含必需氨基酸较多者为质量较好饲料，反之则较差。貉采食的饲粮中的氨基酸的组成和比例通常与貉体蛋白组成有一定差异，如果这种差异小，即氨基酸组成和比例接近貉体蛋白质，则貉对其利用率高；若差异大则利用率低。动物性蛋白饲料中必需氨基酸的组成和比例，较接近于机体蛋白质，而植物性蛋白质则差异较大。另外，貉不能储存和长期保存随饲粮进入体内的氨基酸，过量的氨基经氧化脱氨作用后随尿排出，只有微量的氨基酸储存在肝、心、肾中。过量氨基酸的分解、排出，会加重肝、肾的负担，造成肝、肾组织损伤，发生病理变化，甚至可以造成蛋白质中毒。

三、脂肪与必需脂肪酸

1. 脂肪

脂肪是能量储存的最好形式。单位重量的脂肪含热量高，且同等重量的脂肪比糖所占的体积要小得多。所以，当机体摄入的能源物质超过需要量时，可将剩余的营养物质转为脂肪储存于皮下、肌肉、肠系膜间以及肾脏周围等部位，以便在营养缺乏时分解产能，满足机体的需要。脂肪是细胞膜的重要成分，缺乏时细胞膜的脂质双层结构会被破坏。同样，受损细胞的修复，细胞的增殖、分裂也需要脂类的参与才能顺利进行。脂肪作为有机溶剂，直接影响脂溶性维生素的吸收。饲粮中适量的脂肪进入小肠后可促进维生素 A、维生素 D 和维生素 K 等脂溶性维生素的吸收。脂肪还可以为机体提供机体所需的必需脂肪酸。此外，貉体内储备的脂肪还具有防御寒冷，减缓震动和撞击等作用。总之，适量的脂肪可保证貉正常健康的体质。饲喂时，必须考虑蛋白质、碳水化合物、维生素等与脂肪营养的平衡供应，单纯地提高和降低脂肪的供给量会导致其他营养物质的不足，破坏营养平衡，这对貉同样是有害的。在配制日粮时应该全面考虑。在日粮中脂肪含量剧增、碳水化合物大量减少可引起代谢被破坏，产生酮病。这时血液中酮体增高，尿中也出现酮体，会使脂肪吸收紊乱，导致酸中毒。同样，饲粮中脂肪含量长期不足也会导致貉消瘦、生长发育停止、体重减轻、生殖机能紊乱和皮肤代谢障碍。

2. 必需脂肪酸

必需脂肪酸的含义与必需氨基酸的含义相似，凡是貉机体内不能自身合成，必须通过饲粮供给，或能够通过机体内特定先体物形成，对貉机体正常机能和健康具有重要保护生理功能的脂肪酸称为必需脂肪酸。貉的必需脂肪酸有亚油酸、亚麻酸和花生四烯酸等。貉缺乏必需脂肪酸，首先在细胞水平的代谢发生变化，磷脂代谢受影响，细胞膜结构异常，膜通透性改变，细胞膜中脂肪酸的正常转运和脂蛋白的形成受阻，继而才对整体健康造成危害，临床上表现为皮肤呈鳞片状，生长迟缓，繁殖、泌乳性能低下，甚至死亡。亚麻酸和花生四烯酸可以由饲粮获取，也可以通过供给足量的亚油酸，在机体内进行分子内部转化合成以满足机体的需要。

3. 饲料脂肪的酸败

脂肪是貉不可缺少的营养物质，但饲料所含的不饱和脂肪酸在长期保存或保存方法不当的情况下（如储存温度过高、阳光照射、油中含水较多或储存罐质量较差等），很容易氧化而发生脂肪酸败。酸败的脂肪分解破坏饲料中的多种维生素，如维生素 E，使幼貉食欲减退，出现黄脂肪病、生长发育缓慢或停滞，严重的危害皮肤健康，出现脓肿或皮疹，降低毛皮质量，尤其是妊娠母貉对变质脂肪更为敏感，采食变质脂肪会造成死胎、烂胎、产弱仔及母貉缺乳等后果。脂肪已酸败的饲料，可以嗅到一股刺鼻难闻的怪味，这类饲料不能用于貉的饲料。如果以富含不饱和脂肪酸的饲料喂貉，在饲料中必须相应多加入维生素 E 等，否则会直接影响到貉的生殖功能，亦可使幼貉育成率下降。

四、碳水化合物

碳水化合物广泛存在于植物体中，是一类含碳、氢、氧 3 种元素的有机物，主要包括糖、淀粉和粗纤维等。碳水化合物是构成貉器官组织的物质之一，机体内的肌糖、肝糖作为细胞的构成成分参与许多重要的生理生化反应。碳水化合物是形成貉机体器官不可缺少的成分，如五碳糖（核糖）是细胞核的组成成分。饲粮中的碳水化合物被摄入体内后，经消化分解成葡萄糖后被吸收入血液，再经血液运送到各种组织，进行生物氧化，产生能量，借以维持生命的机能活动和体温。貉血液中的葡萄糖含量相对恒定，多余的部分进入肝脏合成肝糖原储存起来。当机体需要时，糖原又重新分解为葡萄糖而进入血液。貉是杂食性毛皮动物，对碳水化合物利用程度较肉食性水貂、狐高，并且消化率也较高。在饲养过程中，如果饲粮中碳水化合物供应不足，不能满足貉维持需要时，貉就开始动用体内的储备物质，首先是糖原和脂肪，仍有不足时，则分解蛋白质供应所需的能量。在这种情况下，貉就出现身体消瘦，体重下降以及生产力下降等现象。但是，饲粮中碳水化合物含量过多时，饲粮中的蛋白质含量就要降低，如果低于貉生长和生产的需要量，将阻碍貉的正常生长、发育、繁殖及其他生产活动，所以要正确掌握貉饲粮中蛋白质和碳水化合物的比例。粗纤维是植物性饲料组成成分之一，由于其难以消化，可利用的能量低，故常将其称为填充物质。随着科学发展，实践证明，在貉营养中，粗纤维具有特殊功能。粗纤维由于不易消化，吸水量大，起到填充胃肠道作用，使貉有饱的感觉。对貉而言，粗纤维虽不是能量来源，适量的粗纤维可以使食团松散，刺激胃肠道蠕动，防止大肠中因滞积现象而带来的自体中毒。此外，粗纤维表面还可吸附肠道内容物中的营养物质和消化酶，并吸收游离水和结合水，形成有利于营养物质在其表面酶解的环境。

五、矿物质

貉机体组织中几乎含有自然界存在的各种元素，而且与地球表层元素组成基本一致。在这些元素中，已发现有 20 种左右的元素是构成貉机体组织、维持生理功能、生化代谢所必需的。其中除碳、氢和氮主要以有机化合物形式存在外，其余的统称为矿物质（无机盐或灰分）。为便于研究，将其中占机体体重 0.01%以上的矿物质元素称为常量元素，占体重 0.01%以下的元素称为微量元素。

常量元素有钙、磷、钾、钠、氯、镁、硫等 7 种。常量元素在体内的生理功能有：构成机体组织的重要成分，如骨骼等硬组织，大部分是由钙、磷、镁组成，而软组织含钾较多。在细胞内体液中与蛋白质一起调节细胞膜的通透性、控制水分、维持正常的渗透压和酸碱平衡（磷、氯为酸性元素，钠、钾、镁为碱性元素），维持神经肌肉兴奋性。构成酶的成分或激活酶的活性，参加物质代谢。由于各种常量元素在新陈代谢过程中，每日都有一定量随各种途径排出体外，因此必须通过饲粮补充。微量元素虽然需量极微，但它们对貉机体的生长、发育、营养代谢以及繁殖等均有十分重要的作用。目前已知貉所必需的有铁、硒、铜、锌、钴、锰和碘等 14 种微量元素。

生产中，尽管在投喂蛋白质、脂肪、能量等都已满足机体的需要，但如果饲粮中缺乏矿物质元素，则往往出现免疫功能下降、生长发育不良、患病，甚至死亡。这说明，饲粮中矿物质饲料（肉骨粉、肉骨粉）或矿物质添加剂（磷酸氢钙等）是不可缺少的。貉对矿物质的需要量及其比例是一定的。过多会引起中毒，如氯化钠中毒、钾中毒等；或非病理性病变，如转移性钙盐沉积和非病理性结石形成等。过少则会引起机体的功能严重失调和各种疾病，如食盐缺乏可引起消化障碍，钙、磷缺乏或比例不当可引起佝偻病等。矿物质元素主要功能及缺乏症症状见表 4-1。

表 4-1 矿物质元素主要功能及缺乏症症状

矿物质元素	主要生理作用	缺乏症症状
钙	构成骨骼、牙齿，参与凝血，保证肌肉神经正常活动	佝偻病，骨质疏松
磷	构成骨骼，参与能量脂肪代谢与蛋白质的合成	佝偻病，骨质疏松，异嗜，消瘦，繁殖异常

续表 4-1

矿物质元素	主要生理作用	缺乏症症状
钠	保证体内正常渗透压、酸碱平衡，与肌肉收缩和胆汁形成有关	生长缓慢，消瘦
氯	保证体内正常渗透压、酸碱平衡，形成胃液中的盐酸	食欲不振，生长缓慢
镁	组成骨骼，降低神经兴奋性	过敏，痉挛，食欲不振
硫	组成体蛋白、维生素 B_1 和生物素，参与代谢	生长缓慢，毛被发育不良
铁	组成血红素，主要与红细胞运氧、释氧，生物氧化供能等重要生命活动有关	贫血，营养不良
钴	维生素 B_{12} 的组成成分	贫血，神经障碍，运动失调和生长停滞
锌	为骨和毛被生长所需，促进蛋白质合成，影响生殖和免疫能力	食欲下降，生长缓慢，繁殖和免疫力下降
铜	有助于铁的利用，影响钙、磷在软骨基质上沉积，影响繁殖、影响神经系统的正常功能，甚至影响生长发育	贫血，骨质疏松，皮毛褪色
碘	以甲状腺素的形式发挥其生理作用，对细胞的生物氧化、生长、繁殖以及神经系统的活动均有促进作用	生长受阻，繁殖力下降，甲状腺肿大
硒	为谷胱甘肽过氧化物酶成分，能防止细胞膜被代谢中生成的过氧化物破坏	肌肉萎缩，肝脏坏死，繁殖力下降
锰	参与骨骼形成，影响蛋白质和脂肪代谢	生长缓慢，骨骼发育不良

六、维生素

维生素是貉维持生命、生长发育、正常生理机能和新陈代谢所必需的一类低分子化合物。维生素存在于各类饲料或食物中，但含量很少。维生素不能由貉合成或合成的数量不能满足机体需要，必须由饲粮供给。它既不是能量的来源，也不是构成机体组织的主要物质，但维生素的作用具有高度的生物学特性，是正常组织发育以及健康生长、生产和维持所必需的。在饲粮中维生素缺乏或吸收、利用维生素不当时，会导致特定缺乏症或综合征，就会使机体中必需的酶合成受阻，正常的生理机能遭到破坏，新陈代谢紊乱，影响营养物质的吸收，健康水平下降，体质衰弱，导致种种疾病，甚至引起死亡。按传统的分类法，根据维生素的溶解性不同可将维生素分为脂溶性维生素与水溶性维生素两类。前者包括维生素 A、维生素 D、维生素 E、维生素 K；后者包括 B 族维生素与维生素 C。脂溶性维生素不溶于水，而能溶于脂肪或脂溶剂（如苯、乙醚及氯仿等）。因此，脂溶性维生素的存在与吸收均与脂肪有关，凡有利于脂肪吸收的条件，均利于脂溶性维生素的吸收。脂溶性维生素可在机体内有相当量的储存。水溶性维生素是指能溶于水的一类维生素。水溶性维生素除维生素 B_{12} 以外，其他并不在机体内储存，摄入过多时会经肾脏排出。因此，水溶性维生素必须每日从体外获得。动物除从饲料中直接获取维生素外，还有一些其他途径，如肠道菌能合成维生素 K、维生素 B_1、吡哆醛、泛酸、生物素和叶酸等。若长期给予抗菌药物致肠道菌群受到干扰，可致维生素 K 等缺乏。在机体内能直接转变成维生素的称为维生素原，如类胡萝卜素被称为维生素 A 原；在机体内部分合成，如皮下的 7-脱氢胆固醇经紫外线照射，可转变为维生素 D_3；又如动物可利用色氨酸合成尼克酰胺。维生素的主要功能和缺乏症症状如表 4-2 所示。

表 4-2 维生素的主要功能和缺乏症症状

维生素	主要功能	缺乏症症状
维生素 A	促进骨髓生长，保护呼吸、消化、泌尿生殖系统和皮肤的健康，维持正常视觉、保障眼睛视网膜中的杆状细胞和锥状细胞对光的敏感性	生长缓慢，抗病力降低，夜盲，干眼症，易患呼吸道疾病，骨骼生长不良，繁殖力下降
维生素 D	可以控制钙、磷代谢，特别是增加肠对钙和磷的吸收；同时还可调节肾脏对钙和磷的排泄，控制骨骼中钙与磷的储存，改善骨骼中钙、磷的活动状态，从而影响动物骨骼与牙齿的正常发育	佝偻病，软骨病，生长缓慢
维生素 E	改善氧的利用，促进细胞呼吸过程恢复正常。作为抗氧化剂，防止易氧化的物质(如维生素 A 及不饱和脂肪酸)在饲料、消化道以及内源代谢中的氧化。维生素 E 是维持骨骼肌、心肌、平滑肌及外周血管系统的构造与功能所必需的物质，能促进性腺发育、促成受孕、防止流产、调节性激素代谢等	肌肉营养不良(白肌病)，运动障碍，肝坏死，繁殖力下降
维生素 K	催化肝脏中凝血酶原以及凝血活素的合成。通过凝血活素的作用，使凝血酶原变为凝血酶，以达到维持正常的凝血时间	皮下或肌肉发生出血，小伤口不易止血，创面的愈合时间延长
维生素 B_1(硫胺素)	参与碳水化合物的代谢，促进碳水化合物的吸收和脂肪的合成，维持神经组织及心肌的正常功能，维持正常的肠蠕动及对消化道内脂肪的吸收	厌食，体重减轻，多发性神经炎，母貉产弱仔
维生素 B_2(核黄素)	参与碳水化合物、蛋白质和脂肪的代谢，具有促进生物氧化的作用	生长停滞，食欲减退，口腔溃烂、黏膜变性

续表 4-2

维生素	主要功能	缺乏症症状
烟酸（尼克酸）	保证皮肤、消化和神经系统功能正常	生长迟缓，食欲减退，皮炎
维生素 B_6（吡哆醇）	参与蛋白质代谢，与红细胞生成和内分泌有关	生长缓慢和体重下降，贫血，繁殖力下降，抽搐，冬毛期毛绒变白
泛酸	体内能量代谢不可缺少的成分	食欲减损，生长发育缓慢，皮炎，脱毛，胚胎死亡
叶酸	参与氨基酸代谢合成，对血细胞的形成有促进作用	生长不良，贫血，皮炎，脱毛
生物素	与脂肪、碳水化合物合成代谢有关	毛发脆，表皮角质化，被毛卷起及折断，皮炎，繁殖力低，换毛障碍
胆碱	参与脂肪代谢，影响神经传递	脂肪肝，滑腱症
维生素 B_{12}	参与核酸和蛋白质的生物合成，维持造血机能的正常运转，加速红细胞的生成、发育与成熟	厌食，营养不良，生长停滞，贫血，泌乳不足
维生素 C（抗坏血酸）	参与胶原的生物合成，影响骨骼和软组织的正常结构	坏血病，仔貉出现红爪病

饲料中某些物质，在动物新陈代谢中可使维生素分子裂解，这些物质也以能抢先占据生化反应途径中某一部位而使维生素活性遭遇干扰，降低或丧失其生物学价值。例如，存在于淡水鲜鱼，如鲤鱼、鲫鱼、泥鳅、黄鳝等体内的硫胺素酶（该酶在较高温度下即可

失去活性），如果被貉食入体内，则会破坏机体内的维生素 B_1，最终导致维生素 B_1 缺乏症。如养貉投喂此类小杂鱼等之前，宜将其体表黏液清洗干净，适当加温，如用开水烫，破坏其硫胺素酶，其饲喂效果可能更好。再如存在于蛋清中的卵白素对维生素 H 有拮抗作用，若用鸡蛋等做配合饲料原料时，应先破坏卵白素，以防貉患维生素 H 缺乏症。

七、水

水是貉必不可少的营养物质之一，在貉生命活动中具有非常重要的作用。貉机体的主要组成成分是水，占体重的 60%～75%，机体各组织细胞内及细胞间都含有水分。水有调节渗透压和表面张力的作用，这使细胞膨大、坚实，以维持组织、器官具有一定的形态、硬度及弹性，使机体维持正常形态。水是一种理想溶剂，貉机体的各种生物化学反应、机能的调节以及整个代谢过程都需要水的参与才能正常进行。例如，饲粮在消化过程中，水可以加强消化液的分泌和作为溶剂溶解食物，使大分子营养物质消化、分解为简单的营养物质，这些营养物质也要靠水为媒介而吸收和运输到各组织中去。由于水的比热大，可以吸收较多热量，能起到“缓冲”作用，使貉体温不易受外界气温的影响而波动太大。水还有润滑等作用，可减少机体各脏器活动的摩擦。在貉机体代谢过程中，不断由粪、尿、呼吸、体表和各种分泌途径排出大量水分。如失掉体重 1%～2% 的水，貉就会出现食欲减退、消化作用减缓，并因各种黏膜干燥而降低对传染病的抵抗能力；继续失去水分达到体重 8%～10%，则引起代谢紊乱；当失水达体重的 20%时，就会引起死亡。貉所需的水有三条途径获得：一是饮水，二是饲料中含的水，三是机体营养物质代谢产生的代谢水。其主要来源是饮水，故貉养殖时必须设置的饮水槽。从某种意义上讲，水比其他营养物质更为重要，一定要保证其对水的需要。

第二节　貉的常用饲料

凡对貉无毒害，能被其采食而能得到营养的物质称为饲料。衡量饲料品质优劣的重要指标一般有饲料的适口性、可消化性和利用率。按饲料性质可分为动物性饲料、植物性饲料和添加饲料等。

一、动物性饲料

动物性饲料包括家畜、家禽、野生动物的肉及其副产品，鱼类及其他水产动物、乳品、蛋类等。其中肉、脂肪和内脏是貉最可口的饲料。肉类中不仅含高质量的蛋白质，而且还含有丰富的铁和B族维生素（如烟酸胺、核黄素、硫胺素及维生素 B_{12}）。动物性脂肪，不仅可增加其他饲料的适口性，而且是很好的能量和维生素A、维生素D的来源。对貉来说，动物性脂肪易于消化并能降低胃的排空率，从而使貉食后产生饱感。

1. 鱼类饲料

鱼的种类繁多，除一些鱼类（如河豚、马面鲀等）有毒外，经加工后大部分淡水鱼和海水鱼均可用作貉的饲料。鱼类饲料一般含蛋白质13%～20%，但脂肪含量差别较大。低脂肪鱼类含脂肪2%左右，而含脂肪高的鱼类高达5%～20%。鱼类蛋白质的组成好，能被貉全部吸收。微量元素中含碘较多。含脂肪高的鱼类维生素A、维生素D等含量丰富。由于不同种类鱼体组成中氨基酸比例的不同，饲喂单一种类的鱼不如饲喂杂鱼好，混合饲喂有利于氨基酸的互补。同时，鱼类饲料应尽量与肉类饲料（畜禽下脚料等）混合喂给为宜。鱼类饲料生喂比熟喂营养价值高，因为过度加热处理会破坏赖氨酸，同时使精氨酸转化为难消化形式，色氨酸、胱氨酸和蛋氨酸对蛋白质饲料脱水破坏性很敏感。很多淡水鱼（鲤鱼、鲫鱼、红鲤、鳙鱼等）和海鱼（毛鳞鱼、远东沙丁、银鲑、田鹬鱼和梭鱼、红娘鱼、香鱼等)含有硫胺素酶,大量饲喂这些鱼时,可影响貉对饲料中维生素 B_1 的吸收与利用。实践中可采取熟制加工处理、添加一定量的维生素 B_1 以及和其他富含维生素 B_1 的肉类饲料配合饲喂等措施来解决。脂肪酸败的鱼类,产生过氧化物,分解出毒素,可破坏饲料中各种营养物质,喂后易引起食物中毒、脂肪组织炎、出血性肠炎、脓肿和维生素缺乏症等。表面带有大量黏液的鱼,按 2.5%的比例加盐搅拌,或用热水浸烫,除去黏液;味苦的鱼,除去内脏后蒸煮,熟化后再喂。这样既可以提高适口性,又可预防动物患胃肠炎。淡水鱼熟制时间不必太长,达到消毒和破坏硫胺素酶的目的即可。消毒方式要尽量采取蒸煮、蒸汽高压短时间煮沸等方式。此外,鱼类饲料和肉类饲料一样,也含有寄生虫,对此应充分注意。

2. 鱼粉

鱼粉蛋白质含量高,必需氨基酸多,生物学价值高,并富含丰富的钙、磷和各种维生素(特别是维生素 B_{12}),在动物性蛋白饲料中占据头等重要地位。鱼粉的种类很多,因鱼的来源和加工过程不同,饲用价值各异。进口优质鱼粉外观呈淡黄色,浅褐色,有点发青,有特殊鱼粉香味,不发热,不结块,无霉变和刺激味;蛋白质在 62%以上,脂肪小于 10%,水分小于 12%,盐分和沙含量均不超过 1%,赖氨酸 4.5%以上,蛋氨酸 1.7%以上,真蛋白质占粗蛋白质 95%以上,挥发性氨态氮不超过 0.3%;适口性好,动物蛋白质饲料所具有的各种营养特点都很突出,因此其饲用价值高于其他蛋白质饲料。进口鱼粉以秘鲁和智利质量最好。国产鱼粉质量较差,粗蛋白质含量多在 40%以下,粗纤维含量高,盐分含量也高,饲喂貉时要注意添加比例,防止盐中毒。鱼粉含较高的脂肪,尤其是以鱼下脚为原料制得的粗鱼粉含量更高,储藏过久易发生氧化酸败,影响适口性和造成仔貉下痢。由于我国鱼粉供不应求,市场上优质鱼粉较少,而劣质鱼粉,掺假鱼粉较多,因此使用鱼粉时应注意鉴别:优质鱼粉盐分不超过 1%,含盐分过高的鱼粉或鱼干应限制使用,以防止貉食盐中毒。鱼粉在加工和储藏期间易受光、水、温度、氧、外界微生物的作用发生一系列的水解和氧化过程,使产品变质酸败生成有毒有害物质,因此判定鱼粉的质量除了营养指标外还要考虑鱼粉的新鲜度指标。对鱼粉质量可根据其外观及感官简易鉴别(表 4-3),必要时需进行实验室鉴别。

表 4-3　鱼粉的感官鉴别

鱼粉种类	色泽	气味	质感
优质鱼粉	红棕色、黄棕色或褐色	浓咸腥味	均匀、手捻无沙粒感,手感疏松
劣质鱼粉	浅黄色、青白色或黑褐色	腥臭或腐臭味	细度和均匀度较差,手捻有沙粒感,手感较硬
掺假鱼粉	黄白色或红黄色	淡腥味、油脂味或氨味	细度和均匀度较差,手捻有沙粒感或油腻感,在放大镜下观察有植物纤维

3. 肉类饲料

貉几乎能够食用各种动物来源的肉类。各种哺乳动物和禽类的肌肉以及畜禽屠宰加工厂废弃的碎肉等,都是貉理想的动物性饲料。肉类饲料的组成基本相似,主要是水、蛋白质和脂肪,其含量分别为:水 70%~76%,蛋白质 20%~22%,脂肪 2%~9%,其中脂肪的含量变化范围较大。肉类饲料蛋白质含有与貉机体相似数量和比例的全部必需氨基酸和其他多种营养物质,适口性强,消化率高,是貉全价蛋白质的重要来源。在实践中,可以充分利用人们不食或少食的牲畜肉,特别是牧区的废牛、废马、老羊、羔羊、犊牛及老年的骆驼和患非传染性疾病经无害化处理的病肉,最大限度地利用价格低廉的肉类饲料资源。犬肉喂貉,一般应高温熟喂,以免疾病传染(尤其是犬瘟热病和旋毛虫病)。兔肉是一种高蛋白、低脂肪的优质饲料，利用兔肉及其下杂喂貉效果均较理想。公鸡雏，营养价值全面，是很好的貉饲料，可占日粮的25%～30%，配合鱼类饲喂效果更佳，用时要蒸煮熟制。利用肉类饲料时，需经卫生检疫，无病害者可生喂；可利用的病畜禽肉或污染的肉需高温无害处理后方可饲用，不可利用的应禁止饲喂。肉类煮熟过程中会丢失部分营养物质，在配饲料计算添加的蛋白质量时，熟肉应比生肉多加5%～8%。病畜禽肉，来源不明的肉类或可疑污染的肉类，必须经过兽医检查和高温无害处理后方可喂给貉，否则感染传染性疾病，将给生产造成不可挽回的损失。

4. 肉类副产品饲料

动物的头部、骨架、四肢的下端和内脏称为副产品，也称为下杂。这类饲料除了肝脏、肾脏、心脏外，大部分蛋白质消化率较低，生物学价值不高，但作为貉的饲料，可以很好地提供部分能量及蛋白质，有自己的特点，比谷物性饲料在部分蛋白质、维生素等方面优越，而且价格便宜，来源广泛，适量地利用好肉类副产品可有效地促进貉的养殖。肉类副产品主要包括各种动物的肝脏、肾脏、胃、肠、肺等。这类饲料的营养差异很大。

(1)肝脏　含20%左右的蛋白质，5%左右的脂肪，还有丰富的维生素A、维生素D和微量元素，是较理想的优质动物性饲料。但动物肝脏中含钾、镁等元素会致貉轻度腹泻，饲喂比例不宜过高，一般可占动物性饲料的10%～15%。

(2)心脏和肾脏　含丰富的蛋白质和维生素，是全价的蛋白质饲料。若用新鲜的予以生喂，不仅适口性强，营养价值和消化率也很高。病畜的心脏和肾脏必须熟喂。副肾(肾上腺)在繁殖期不宜用来饲喂貉，以防造成生殖机能紊乱。

(3)脑　含丰富的磷脂和必需氨基酸，不但营养价值高又易消化吸收，而且可以促进动物性器官的发育，故被称为催情饲料，一般在准备配种期和配种期适量喂给。

(4)肺脏　营养价值较低,必需氨基酸含量少,消化率不高,一般只起到调节适口性的作用。肺脏一般应熟喂,喂量可占动物性饲料的5%～10%,不宜过多。

(5)胃、肠　牛、羊和兔等动物的胃蛋白质不全价,营养价值不高,粗蛋白质的含量为14%,脂肪含量为1.5%～2.0%,维生素和矿物质含量很低。动物肠子的蛋白质、脂肪含量随动物种类及食性不同而有差异,例如猪肠蛋白质含量为6.9%,脂肪含量为15.6%;兔肠蛋白质含量为14.0%,脂肪含量为1.3%。新鲜的胃、肠虽适口性强,但胃、肠常有病原性细菌,所以应熟喂。胃、肠可代替部分肉类饲料,但其喂量不能超过动物性饲料的30%。

(6)食道　是全价的蛋白质饲料,其营养价值与肌肉无明显区别。喉头和气管也可以作为貉的蛋白质和鲜碎骨饲料,在幼貉生长期与鱼类和肉类配合使用,能保证幼貉正常的生长发育。

(7)血液　健康动物血液的营养价值较高,蛋白质含量可达17%～20%,并含有大量易于吸收的矿物质(如铁、钾、钠、氯、锰、钙、磷、镁等)和一些维生素,是较好的添加饲料;因血中含有无机盐,有轻泻作用,所以饲喂时应严格限量。一般在配合饲料中所占比例宜控制在10%～15%。另外,血不易保存。为确保安全,通常把血加热煮成血豆腐,或者制成血粉后利用。熟制血比鲜血消化率低,繁殖期要少喂。

(8)脾脏　不能单独作为动物性饲料饲喂貉,因为它不易消化且具有轻泻作用。

(9)子宫、胎盘和胎儿　可以作为貉的饲料,但主要应该在幼貉生长期使用。配种期和妊娠期不能使用,以防外源激素造成生殖机能紊乱。

(10)禽类的副产品　如头、内脏、翅膀、腿、爪等均可喂貉,但一定要新鲜、清洗干净。这类饲料可按动物性饲料量的20%左右给予。在繁殖期,最好不使用鸡头、鸡肠等可能含有激素的副产品,在生长期貉也要限量使用,以免影响健康。有试验表明毛皮动物生长期使用含雌激素过高的动物副产品,会引起生长期发情及尿湿症,甚至是死亡,所以饲喂前必须高温处理,同时要进行限量使用。

5. 鱼副产品

干鱼体积小,发热量较高,容易保存,但消化率低,因此不宜多喂。干鱼的质量非常重要,腐败变质的鱼晒制的干鱼不能作为貉的饲料,以免引起毒素中毒。沿海地区的水产制品厂,有大量的鱼头、鱼骨架,内脏及其他下脚料等鱼副产品。这些废弃品都可以用来饲养貉。新鲜的鱼头、鱼骨架可以生喂,繁殖期不超过日粮中动物饲料的20%,幼貉生长期和冬毛生长期可增加到40%。新鲜程度较差的鱼副产品应熟喂,特别是鱼内脏保鲜困难,采用熟喂比较安全。目前市场上还有许多鱼类加工副产品,如鱼排粉、鱼浆粉等,都可以作为貉的动物性饲料原料,只是需要根据其营养组成及适口性等进行搭配,满足貉全面的营养需要。

6. 肉骨粉与肉粉

肉骨粉或肉粉是以动物屠宰场副产品中除去可食部分之后的残骨、脂肪、内脏、碎肉等为主要原料,经过脱油后再干燥、粉碎而得的混合物。屠宰场和肉品加工厂将人不能食用的碎肉、内脏等处理后制成的饲料为肉粉;连骨带肉一起处理加工成的饲料为肉骨粉。含磷量在4.4%以上的为肉骨粉,在4.4%以下的为肉粉。产品中不应含毛发、蹄、角、皮革、排泄物及胃内容物。正常的肉粉和肉骨粉为褐色、灰褐色的粉状物,蛋白质含量在45%~60%,赖氨酸含量较高,矿物质含量丰富。肉骨粉还有大量的钙、磷,是动物钙、磷的重要来源。建议饲喂量控制在饲粮干物质含量的20%以下。生产肉骨粉原料的品质直接影响到肉骨粉产品的质量。肉骨粉最易受沙门氏杆菌污染,以腐败原料制成的产品,不仅品质差,而且有中毒的危险。使用肉骨粉的同时,应对药用动物饲粮中的钙、磷矿物质饲料做适当调整。禁止从有疯牛病的国家进口肉粉和骨肉粉。

7. 血粉

血粉是畜禽鲜血经脱水加工而成的一种产品，是屠宰场的主要副产品之一，是一种来源广、产量大的蛋白质饲料。除了大量猪血可以加工血粉外，牛血、羊血、兔血和禽血都是加工血粉的原料。血粉的蛋白质含量很高（80%～90%），赖氨酸含量丰富，比鱼粉高近1倍，此外色氨酸、组氨酸和苏氨酸含量也高，但蛋氨酸含量偏低，异亮氨酸缺乏，故血粉是属于高能高蛋白质，而氨基酸不平衡的蛋白质饲料，宜与其他蛋白质饲料配合使用。血粉味苦，适口性差，用量不宜过高，一般控制在3%以下，且仔貉不宜使用。目前，市场上有血粉的深加工产品，如血细胞蛋白粉、血浆蛋白粉等，均可以在貉饲料中部分添加，对平衡氨基酸有很好的作用。

8. 肝渣粉

生物制药厂利用牛、羊、猪的肝脏提取维生素B和肝浸膏的副产品，经过干燥粉碎后就是肝渣粉。这样的肝渣粉经过浸泡后，与其他动物性饲料搭配，可以饲喂貉。但肝粉渣不易消化，喂量过大容易引起腹泻。

9. 乳品和蛋类饲料

乳类饲料包括牛、羊的鲜乳、乳粉及其他乳制品，是营养价值极为丰富的优质饲料。乳类含有貉易消化和吸收的各种营养物质：蛋白质、脂肪、多种维生素、矿物质等。乳类饲料还能提高其他饲料的适口性和利用效率，促进母貉的泌乳和仔貉的生长发育。乳品类尤其是鲜乳，适合细菌生长繁殖，易酸败，所以对乳品饲料要注意保鲜。禁止用酸败变质的乳类喂貉。鲜乳要加温至70～100℃，灭菌10～15 min后再喂。如使用乳粉、奶酪等乳类饲料，应稀释或绞碎后再混进饲料。如供给乳品类饲料时，在饲粮中不应超过总量的30%，过量易引起下痢。

各种家禽的蛋及鸟蛋，适口性高，组成蛋白质的各种氨基酸比例恰当，蛋黄中还含有卵磷脂、中性脂肪酸及维生素A、维生素D、维生素 E、维生素 B_1 等，是生物学价值较高的饲料，在繁殖期利用效果较好。家禽孵化过程中的未受精蛋、毛蛋(死胚蛋)，可经消毒灭菌后，调入配合饲料。蛋类饲料应在繁殖期作为精补饲料被有效地利用，饲喂量每只貉每天 10～20 g。需要指出的是，禽蛋蛋清部分含有抗胰蛋白酶和卵白素，前者会影响饲料蛋白质的消化吸收，后者会使维生素 H 失去活性，所以以熟制为宜。

孵化场的石蛋和毛蛋也可以饲喂貉，但必须保证新鲜，并经煮沸消毒。饲喂量与鲜蛋大致一样。对未成熟卵黄(俗称蛋茬子或蛋包)，在生长期可以限量使用，繁殖期最好不要使用，特别是水貂，容易引起流产及死胎，因为一般在淘汰蛋鸡屠宰分离时，未成熟卵黄很难与卵巢分离，易造成毛皮动物雌激素中毒。

10. 蚕蛹或蚕蛹粉

蚕蛹和蚕蛹粉是鱼、肉饲料的良好代用品，蚕蛹可分为去脂蚕蛹和全脂蚕蛹 2 种，蚕蛹营养价值很高，貉对其消化和吸收也很好，但蚕蛹含有貉不能消化的甲壳质，故用量不宜过多，一般可占日粮的 20%。

11. 羽毛粉

羽毛粉蛋白质中含有丰富的胱氨酸，谷氨酸和丝氨酸，这些氨基酸是毛皮兽毛绒生长的必须物质，在每年的春秋换毛季节饲喂，有利于貉的毛绒生长，并可以预防貉的自咬症和食毛症。羽毛粉中含有大量的貉较难消化吸收的角质蛋白，但熟制、膨化、水解或酸化处理后，可提高其消化率。不经加热加压处理的生羽毛粉，对毛皮动物食用价值很低。一般需与其他动物性饲料搭配使用，建议貉冬毛生长期添加量在 5% 以下。

二、植物性饲料

1. 谷物类饲料

(1)玉米　无氮浸出物特别是淀粉含量丰富，粗纤维含量很低，其有机质消化率达 88%，适口性好，动物极喜欢采食，享有“饲料之王”的美誉。玉米粗脂肪含量高（为 4%～5%），亚油酸高达 2%，是谷类籽实中最高者。玉米中的维生素 B_1 含量丰富，黄玉米所含的黄色色素，不仅可使配合饲料色泽好看，而且其中的 β-胡萝卜素可转化为维生素 A。但玉米蛋白质含量低，仅 8.5%左右，缺乏赖氨酸、蛋氨酸，另外，玉米的钙、磷含量不足，且缺乏维生素 D，生产中不宜作为饲粮的唯一原料使用，必须与品质饲料配合。成熟期收获的玉米水分含量仍可达 30%以上，且玉米籽实外壳有一层蜡质，能阻止籽实内水分的散发，难以干燥。在高温高湿和温差变化大的地方，玉米容易变质，入仓整粒玉米储藏时，含水量不能高于 13%。如不及时晾晒或烘干，极易发霉变质，使貉霉菌毒素中毒。由于不饱和脂肪酸含量高，玉米粉碎后易酸败变质，变质后发苦，口味较差，不宜长时间储存。

（2）小麦　主要用作粮食，近年来饲料用小麦逐渐增多。小麦在貉饲料中的应用，一般是指其加工副产品次粉或麦麸。小麦麸俗称麸皮，是以小麦籽实为原料加工制粉后的副产品之一。小麦麸的特点：粗蛋白质含量较高，达 15%左右，必需氨基酸含量也高于玉米，特别是赖氨酸达 0.57%，B 族维生素含量丰富。小麦麸含有较丰富的铁、锌、锰，但磷的质量不高，大部分是植酸磷，不利于矿物元素的吸收，用麦麸配合饲粮时要特别注意补充钙，调整钙、磷平衡。小麦麸吸水性强，如果饲喂小麦麸过多，则易引起便秘。小麦麸因含粗纤维较多，体积大，且含较多的植酸，因而具有轻泻性质，母貉产后消化机能很弱，可适量饲喂麸皮粥，以利于消化道机能恢复。

2. 饼粕类饲料

饼粕类饲料，是豆科籽实和油料籽实提取油后的副产品，其中压榨提油后块状副产品称为饼，浸提出油后的碎片状副产品称为粕。常见的有大豆饼（粕）、棉仁饼（粕）、花生饼（粕）等。这类饲料粗蛋白质含量高，蛋白质中的必需氨基酸含量也较平衡，故蛋白质的利用率高于禾谷类饲料蛋白质的利用率；无氮浸出物含量低；粗脂肪含量因种类、加工工艺不同变化较大，一般情况下，饼类含油量高于粕类；粗纤维含量一般不高，但棉籽饼、葵籽饼、花生饼等粗纤维含量高；矿物质含量与谷类籽实相似，也是钙少磷多；B族维生素含量丰富，胡萝卜素含量较少；该类饲料如用量过大，适口性较差。另外，饼粕类饲料往往含有一些抗营养因子，如不脱毒就大量利用，易发生中毒。

(1)大豆饼(粕) 是目前生产上用量最多、使用最广泛的植物蛋白质饲料。大豆饼(粕)风味好，色泽佳，适口性好，饲喂价值在各种饼粕饲料中最高。大豆饼(粕)蛋白质含量高于其他饼粕，可达40%～47%，必需氨基酸的组成和比例较好，赖氨酸含量较高；缺点是蛋氨酸、胱氨酸含量不足，B族维生素含量较低。大豆饼(粕)是我国毛皮动物常用的植物性蛋白质饲料。因为受赖氨酸和蛋氨酸含量限制，其生物学效价受一定影响，添加蛋氨酸与赖氨酸可提高其利用率。大豆中含有多种抗营养因子，主要是胰蛋白酶抑制因子。豆饼和豆粕作为貉饲料要看其加热处理是否有效降低了有害物质含量，不然会引起消化不良。大豆饼(粕)所含抗营养因子(与大豆相同)的含量与大豆提取油脂时的水分、温度和加热时间有关，适当的水分和加热时间，有助于消除有害物质，又不破坏蛋白质的营养价值。在毛皮动物上使用，加热适宜温度应控制在110℃左右。经过膨化或加热的豆饼可以。饲用大豆饼(粕)的国家标准规定的感官性状为：呈黄褐色饼状或小片状(大豆饼)，呈浅褐色或淡黄色不规则的碎片状(大豆粕)；色泽一致，无发酵、霉变、结块、虫蛀及异味、异臭；水分含量不得超过13.0%，不得掺入饲料用大豆饼(粕)以外的东西。除粗蛋白质、粗纤维、粗灰分为质量的控制指标外，规定饲用大豆饼(粕)中脲酶活性不得超过0.4%。

(2)花生仁饼(粕) 是花生制油所得的副产品。由于花生的品种、制油方法和脱壳程度等的不同，其成分和营养价值也不一样。花生大多脱壳后榨油，通常分为全部脱壳或部分脱壳花生饼。国内一般都是脱壳后制油，其法有机械压榨和预压浸提法。其蛋白质含量38%～47%，粗纤维4%～5%；其中精氨酸和组氨酸相当多，但赖氨酸(1.2%～2.1%)和蛋氨酸(0.4%～0.7%)含量低。花生仁饼(粕)很容易发霉，特别是在温暖潮湿条件下，黄曲霉繁殖很快，并产生黄曲霉毒素，这种毒素经蒸煮也不能去掉。因此，花生仁饼(粕)必须在干燥、通风、避光条件下妥善储存，储存期不宜过长。发霉的花生饼不能饲用。

3. 大豆

大豆是含蛋白质(32%～40%)、粗脂肪(17%～20%)高，粗纤维低的高能、高蛋白质饲料，且赖氨酸含量高，与能量饲料配合使用，可弥补能量饲料蛋白质低、赖氨酸缺乏的弱点。但大豆蛋氨酸含量相对较少，应注意平衡。其中不饱和脂肪酸较多，亚油酸和亚麻酸可占55%。生大豆中存在多种抗营养因子，如胰蛋白酶抑制因子、大豆凝集素、胃肠胀气因子、大豆抗原等。如生喂会造成养分的消化率下降和干扰貉的正常生理过程，引起腹泻(即使加热处理这种抗原仍有较强的活性)，抑制生长。大豆加热不足不能完全破坏抗营养因子，过熟则会导致大多数氨基酸，尤其是赖氨酸利用率下降，影响饲用价值。因此，大豆的适宜加工非常重要。大豆作为貉的饲料必须进行蒸煮或膨化，否则会导致貉消化不良，且用量不宜过多，经膨化的大豆可以占貉饲粮的20%左右。

三、添加饲料

1. 矿物质饲料

常规饲料中的矿物质含量往往不能满足貉的营养需要，常常要用专门的矿物质饲料来补充。一般常用的矿物质饲料有食盐、含钙饲料和钙、磷平衡的饲料。

(1)食盐　植物性饲料中缺少氯和钠,食盐可以给貉补充钠和氯。食盐中含钠 39%,含氯 60%。碘化食盐还含有 0.007%的碘。动物饲粮中添加适量的食盐,可改善饲料的适口性,增进食欲,从而促进生长。食盐不足,会造成貉食欲下降,采食量降低,生产成绩不佳,并形成异食癖。食盐一般每只貉每天供给量为 2～3 g,如果以海杂鱼为主,饲喂貉时,食盐可少给或不给。使用食盐含量较高的鱼粉等饲料时应特别注意防止食盐过量。

(2)钙、磷饲料

①碳酸钙:颜色呈白色或灰白色,是用石灰石煅烧成氧化钙加水,调制成石灰乳,再与二氧化碳作用,得到沉淀的碳酸钙。碳酸钙含钙量 38%以上。

②蛋壳粉和贝壳粉:主要成分是碳酸钙,含钙 35%以上。蛋壳和贝壳在加工之前,应先消毒,防止因蛋白质腐败和病菌而感染疾病。

③磷酸氢钙:为白色或灰白色粉末,含钙 22%～23%,含磷 16%～18%。磷酸氢钙是猪饲料中的优质钙磷补充料,但要注意铅含量不能超过 50 mg/kg,氟含量不得超过 0.18%,氟含量过高易发生氟中毒。

④骨粉:因加工方法不同,有蒸骨粉、煮骨粉、脱脂骨粉等区分,含钙 24%～28%,含磷 10%～12%,是很好的钙、磷平衡的饲料。作为饲料用的骨粉,其原料应为鲜骨,在加热后的处理过程中必须注意卫生安全,严防直接或间接与原料骨接触,以免传染疾病,因而饲料骨粉厂最好不兼做肥料骨粉用。骨粉适宜常年供给,尤其是繁殖季节,对母貉或育成貉更为重要,要提高供给量,每只每天 10～15 g。饲粮中若能供给鲜碎骨或以鱼肉骨粉为主的饲料,可不加骨粉。

2. 维生素饲料

(1)果蔬类饲料　是指叶菜、野菜牧草、块根、块茎及瓜果等,能供给貉需要的维生素 E、维生素 K 和维生素 C 等，同时能供给可溶性的无机盐类，并促进食欲及帮助消化纤维素。叶类蔬菜常用的有：白菜、菠菜、甘蓝、生菜、莴苣、油菜等，喂量可占饲粮的 10%～15%。叶类蔬菜中适合生喂，但菠菜有轻泻作用，单独饲喂需用开水焯过（浸烫）再用。北方也可采集蒲公英、车前菜、荠菜等野生菜类，或利用嫩苜蓿来饲喂貉，作为貉的维生素补充饲料，用量可占饲粮的 3%～5%。萝卜和胡萝卜单独饲喂时消化不良或影响食欲，可与叶菜各占 50%搭配饲喂。马铃薯能代替部分谷物饲料，但要熟喂。西葫芦、番茄、南瓜等代替饲粮中蔬菜量的 30%～50%，一般与叶菜搭配饲喂较好，南瓜多在秋季饲喂，可代替部分谷物。此类饲料在饲用时要防止焖制，以免引起貉亚硝酸盐中毒。利用果蔬类饲料时，鲜果蔬去掉泥土、削去根及腐烂部分，洗净后，搅碎饲喂。严禁堆积或长时间浸泡大量叶菜，以防发生亚硝酸盐中毒。叶菜在水中浸泡时间不得超过 4 h，洗净的菜叶不可和热饲料放在一起，以免过多损失维生素营养等。冬季可食用质量好的冻菜，窖贮的大头菜、白菜等，其腐烂部分不能利用。

（2）酵母　蛋白质含量较高，品质较好；维生素含量较丰富，是 B 族维生素最好的来源之一；矿物质含量不平衡，钙少磷多；核酸含量较高，酵母类含 6%～12%。酵母作为貉饲料能很好地补充蛋白质及部分维生素。在使用酵母时，除药用酵母外，均需加温处理以杀死酵母中所含有的大量活酵母菌，否则貉采食酵母菌后，会发生胃肠膨胀或死亡。加温处理一般应用 70～80℃的热水浸烫 15 min。使用酵母时，注意要与碱性的骨粉分开饲喂。日粮中供给干酵母一般按每只貉 5～8 g 计算。

（3）鱼肝油　是维生素 A 和维生素 D 的主要来源。饲用鱼肝油可每只貉每天按 800～1 000 IU（维生素 A 的量）投给，饲喂时最好是在分食后滴入盆内。如果喂饲浓缩或胶丸状精制的鱼肝油时，需用植物油低温稀释。鱼肝油中的维生素 A 易被氧化破坏，使用鱼肝油时要注意出厂日期，以防久存失效；保管时要置于阴凉干燥和避光处，不宜使用金属容器保存。常年有肝脏和鲜海鱼饲喂貉的饲养场，可不必补给鱼肝油，因为肝脏及鲜鱼中含有足量的维生素 A 和维生素 D。变质的鱼肝油禁止喂食貉。

(4)小麦芽　是维生素 E 的重要来源，并含有磷、钙、锰及少量的铁等矿物质，是貉繁殖期较理想的饲料。

(5)棉籽油　是维生素 E 的重要来源，每 100 g 棉籽油含维生素 E 300 mg。喂貉时应采用精制棉籽油，因为粗制棉籽油中含有棉酚等毒素。

3. 添加剂饲料

饲料添加剂是指在配合饲料时添加的各种微量成分。其目的在于满足貉生产的特殊需要，如保健、促生长、增食欲、防饲料变质、改善饲料及畜产品品质、改善养殖环境等，从而提高养貉生产的经济效益。饲料添加剂可分为营养性添加剂和非营养性添加剂。各种营养性添加剂由于添加量小，应充分搅拌均匀，以免造成浪费与意外事故。

(1)营养性添加剂　包括必需氨基酸、维生素、微量元素等主要用于补充、平衡配合饲粮的营养成分，提高饲料营养价值。

①氨基酸添加剂：在我国，动物性蛋白质饲料缺乏，而植物饲料，尤其是谷物饲料必需氨基酸含量不平衡，因此需要氨基酸添加剂来平衡或补足。生产中常用的氨基酸添加剂是赖氨酸、蛋氨酸，主要是用来平衡氨基酸的不足。赖氨酸有 *L* 与 *D* 两种异构体。动物只能利用 *L*-赖氨酸。商品赖氨酸添加剂为 *L*-赖氨酸·盐酸，商品上标明的含量为 98%，指的是 *L*-赖氨酸和盐酸的含量，*L*-赖氨酸的含量只有 78%左右，在使用这种添加剂时，要按实际含量计算。此外，还有一种赖氨酸添加剂是 *DL*-赖氨酸·盐酸。其中 *D* 型赖氨酸是发酵或化学合成工艺中的半成品，没有进行转化 *L* 型的工艺，必须注意 *L* 型的实际含量。蛋氨酸的 *D* 型和 *L* 型同样可

被机体利用，具有相同的生物活性。因此 *DL* 型蛋氨酸添加剂的活性成分含量如标明 98%，在使用时不用折算。据报道，换毛季节前 1 个月提高饲粮中含硫氨基酸的供给，每昼夜加入 0.3～0.4 g，能够减轻自咬症和食毛症的发生，同时能促进毛绒生长和加速换毛过程。

②维生素添加剂：随着营养科学的进展，各种维生素在貉机体内的作用及需要量逐步明确，因此在饲料内添加维生素，得到日益广泛的应用。一般作为添加剂的维生素产品，大多为工业发酵或化学合成制剂，其生物学效价较高，品质稳定。常用的这类添加剂有单一性维生素添加剂，如维生素 K、维生素 B_1、维生素 B_2、维生素 B_{12}、维生素 E、维生素 K_3、吡哆醇、氯化胆碱、泛酸钙、尼克酸、叶酸与生物素等，也有多种维生素配合制成的复合添加剂，如复合维生素 A-维生素 D 制剂，复合多维制剂等。维生素添加的数量除按营养需要规定外，还应考虑饲粮组成、环境条件（气温、饲养方式等）、饲料中维生素的利用率、维生素的消耗及各种逆境因素的影响。购买维生素添加剂是要注意密封性和有效保存期，超期的维生素添加剂效价降低，甚至完全失效。添加维生素的饲料不宜长时间储存。

③微量元素添加剂：使用这类添加剂的主要目的是补充天然饲料中微量元素的不足，提高貉的免疫力或促进生长。目前我国药用动物生产中添加的微量元素主要有铁、铜、锰、锌、钴、硒和碘等。添加剂的原料是含有这些微量元素的化合物。常用的有碳酸盐、硫酸盐或氧化物类的无机矿物盐。但必须注意的是，添加铁时不能用氧化铁（仔貉不能吸收利用），添加硒时只能用亚硒酸钠或硒酸钠，添加碘时可用碘化钾、碘化钠、碘酸钾、碘酸钙。近年来微量元素添加剂已从无机盐发展到有机酸金属螯合物和氨基酸金属螯合物。这些螯合物中的微量元素的利用率都较无机矿物盐高。这类添加剂的一般添加量极微，添加时必须注意与饲料充分搅拌均匀。

(2)非营养性添加剂　包括抗生素、酶制剂、益生素、酸化剂、激素、离子交换化合物等，主要作用是促生长，保健康和改善产品品质。抗生素可抑制多种微生物生长，在貉饲粮中供给少量的抗生素，可以促进生长，提高幼貉的成活率，防止疾病的发生，同时能延缓饲料的腐败。目前，采用的抗生素有畜用土霉素、金霉素、杆菌肽锌、黏菌素等。益生素主要是由乳酸杆菌、双歧杆菌、芽孢杆菌、酵母菌及其他生长促进菌种组成，它能有效地抑制病原菌群的无序繁殖，使动物机体保持健康状态。抗氧化剂、抗酸化剂可抑制饲料脂肪酸败，在貉的日粮中供给少量抗氧化剂，可以提高貉群的成活率，防止发生脂肪组织炎。另外，选用市售的木炭，或自制树枝、木块的木炭，用水冲洗干净后晒干、粉碎后适量饲喂，可吸附消化道的腐败气味与有害物质，有止酵作用。在夏季或消化道消化不良、腹泻时，有一定辅助治疗作用。

目前市售添加剂的种类很多，使用时应认真阅读说明，按照生产目的及说明使用，切不可乱用。同时，添加剂产品应是无公害产品《允许使用的饲料添加剂品种目录》所规定的品种，或取得试生产产品批准文号的新饲料添加剂品种。饲料添加剂用量甚微，必须用扩散剂预先混合才能加入饲料中，否则混合不均，容易发生营养欠缺，药效不佳或发生中毒现象。

四、配合饲料

随着我国改革开放的进一步深入，特别是 20 世纪 90 年代以来，由于毛皮动物养殖的高利润所趋，一些资本雄厚的个人和单位纷纷投资貉等毛皮动物养殖。随着毛皮动物饲料生产技术的逐步成熟，在饲料加工工业持续稳定增长的同时，饲料原料品种从以鲜杂鱼等动物性饲料为主，逐步增加植物性饲料原料的种类和用量，饲料原料不断丰富，数量不断增加。膨化玉米目前国内基本能满足饲料市场需求，鱼粉、血粉、羽毛粉、肉骨粉等生产企业增加，生产日趋规范，质量趋于稳定，主要依赖进口的局面已有所改变，为破解毛皮动物养殖业饲料资源约束开辟了新方向。目前，生产中的貉饲料类型主要包括自配料、鲜贴料、干粉料、颗粒饲料、添加剂预混料等。

1. 自配料

自配料是目前各种养貉场(户)普遍采用的一种配合饲料。所谓自配料是各养貉场(户)依据貉的营养需求，结合当地的饲料资源和营养特性，经过适当的加工工艺加工而成的饲料产品。自配料一般在养殖场的饲料车间加工而成，饲料原料主要包括：鲜杂鱼、畜禽屠宰副产品、肉类、鱼粉蛋类、膨化玉米、膨化大豆、发酵饲料以及各种饲料添加剂等，按照一定比例均质混合而成。有的自配料采用大型饲料厂的基础料，按照比例加入鲜杂鱼等动物性饲料加工而成。自配料的优点：一是可以充分利用当地的饲料资源，生产成本较低；二是可以保障饲料原料新鲜度，适口性较好。自配料也存在饲料配方设计不合理，营养不平衡、饲料原料质量无法控制，加工质量难以保证等缺点。养貉场(户)在配制自配料时，选择饲料原料要考虑是否适合饲喂貉，最好是选择一些有一定理论依据的原料，不要盲目地选用一些没有在貉养殖上做过试验的新型原料。另外，在选择饲料原料时，一定要考虑饲料来源的安全性，不能喂死因不明的畜产品，也不能购买饲料卫生无保证的劣质肉粉、鱼粉、血粉等干性动物饲料，这些原料中有可能一些致病菌超标，饲喂后给养殖者带来不必要的损失。此外，在选择植物性饲料时一定要仔细观察，看是否有发霉变质现象。饲喂自配料时应注意，饲料中各种营养成分以及添加剂成分的添加都应科学。如果方法不当，会造成添加物质效应丧失，或对貉产生不良影响。药物酵母或饲料酵母和药物可直接加入，在加入药物时，一定要投量准确，搅拌均匀，以防药物中毒。活菌酵母要进行灭活处理，加热至70～80℃，并保持10～15 min后加入饲料中，也可以与谷物粉和在一起蒸窝头。骨粉可按量直接加入饲料中，但不能与酵母和维生素 B_1 同时饲喂。维生素饲料、乳类以及酵母等必须在临喂前加，防止过早与饲料混合而被氧化破坏。食盐和酵母应先用水溶解稀释后再混入饲料。自配料在饲喂过程中还应注意不能和得太稀，尤其是在繁殖期，干稀要适度，保证貉干物质的采食量，忌和稀料，不喂水。

2. 鲜贴料

鲜贴料是目前养貉生产中应用较多的一种饲料类型。所谓鲜贴料是指根据貉的营养需要，将各种新鲜原料按照一定比例混合，再加入基础干饲料，经过一定的工艺加工而成的饲料产品。商品鲜贴料一般由专业化水平高的饲料厂生产，其配方设计水平较高，因此饲料质量一定保证，具有如下优点：一是饲料原料新鲜度高，适口性好，饲喂方便；二是营养平衡，利用率高，加工质量高。但鲜贴料对原料的新鲜度要求高，卫生质量较难控制，尤其是夏季高温季节，产品保鲜要求高，需每日配送，成本高，只适合于近距离推广，一般适合于饲料厂周围 100 km 范围内；且受原料资源限制，不同地区原料差异较大，内陆地区受渔业资源的限制，鲜贴料中鲜鱼的比例通常在 30%左右，主要以畜禽屠宰下脚料如鸡架、鸭架、鸡头等产品为加工原料，从而限制了其营养价值和饲喂效果。

3. 干粉料

干粉料是根据貉的营养需要和饲料原料营养特性，将干动物性饲料（如鱼粉、肉骨粉、血粉等）、膨化处理植物性等多种饲料原料合理配比，再加入矿物质饲料和各种饲料添加剂，按照一定的工艺流程加工而成的粉状产品。使用干粉料时应注意，干粉料营养全价平衡，既有动物性饲料又有植物性饲料，饲用者只需按说明书直接和水饲喂即可，一般不能二次蒸煮。如果二次蒸煮会破坏干粉料中的维生素以及其他营养物质，反而不利于毛皮动物的饲养。饲喂干粉料一般加水量是料的 2～3 倍即可，如果料和得太稀，就会稀释消化道中的各种消化酶，不利于各种营养物质更好地消化吸收。

4. 颗粒饲料

颗粒饲料是根据貉等毛皮动物的营养需要和饲料原料营养特性，将各种饲料原料合理配比，采用膨化细粉制粒等先进的工艺加工而成的完全熟化的颗粒状产品。颗粒饲料配方经过科学设计，在制作过程中经过高温处理，可使植物性原料中的抗营养因子失活，同时起到灭菌、杀虫、消毒的效果，克服了生鲜料夏季高温季节容易腐败变质、脂肪易氧化等缺点，不仅有利于蛋白质的消化吸收，而且可改善饲料的卫生质量，降低动物发病率，具有营养全价，适口性较好，饲喂方便，饲料利用率高等优点。但颗粒饲料成本一般较高，经高温处理可破坏其中部分维生素的活性，需增加热敏性维生素的需要量。使用颗粒饲料时应注意：鲜饲料改为颗粒饲料应有一定时间的过渡期，喂量逐渐增加，过渡期一般为 7 d；由于颗粒饲料的水分含量较低(约占 10%)，远远低于鲜饲料的水分含量(一般为 50%～80%)，导致使用颗粒饲料的貉饮水量有显著增加，一般为饲喂鲜饲料的 2～3 倍。

5. 添加剂预混料

添加剂预混料是指根据貉营养需要，将一种或多种饲料添加剂与载体或稀释剂按一定比例配制的均匀混合物。属于饲料半成品，不能直接饲喂。添加剂预混料一般由多种添加剂(微量元素、维生素、氨基酸、抗生素、抗氧化剂、风味剂等)和载体(或稀释剂)组成，根据其组成成分的不同，也可分为单一预混料和复合预混料。

6. 基础料

基础料主要由膨化玉米、膨化大豆、膨化小麦、鱼粉、氨基酸、微量元素、维生素以及其他各种饲料添加剂按一定比例混合而成。基础料的营养成分不完全，是一种饲料半成品，不能直接饲喂。饲喂时还需按一定比例加入鲜鱼、鸡肝、鸡架等鲜饲料，和一定比例水，即为全价鲜贴料。基础料一般占全价料的15%～25%。基础料为干粉料，便于运输和储存，饲料厂可根据用户鲜饲料资源特点，拟定参考配方，便于用户使用。

第三节 貉饲粮的科学配制

一、貉的营养需要与饲养标准

1. 貉的营养需要

对貉的营养需要，国内外尚未进行深入研究，报道较少。现将国内外的有关资料简介如下，参见表4-4和表4-5。

表4-4 貉能量和蛋白质需要量(干物质基础)

时期	总能/(kJ/kg)	粗蛋白质/%
母貉泌乳期(4～6月份)	20 501	30
幼貉育成期(6～9月份)	21 757	34
冬毛生长期或准备配种期(9～11月份)	21 757	26

表4-5 貉不同时期的营养需要 g/100 kJ

标准	1月份	2月份	3月份	4月份	5月份	6月份	7月份
代谢能量/kJ	1 572	1 014	1 156	2 537	2 220	3 596	2 412
可消化蛋白质	2.42	2.41	2.38	2.39	2.34	2.39	2.35
可消化脂肪	0.83	0.84	0.90	0.92	0.87	0.83	0.89
可消化碳水化合物	1.30	1.29	1.17	1.13	1.30	1.33	1.24

注：5月份、6月份是母貉及窝内仔貉的共同消耗量。

2. 饲养标准

由于国内外对貉的营养需要研究不够,目前还没有一个统一的饲养标准。仅将国内有关学者和单位推荐几个较为可靠的资料介绍如下,各养殖场可根据当地饲料条件参考使用,参见表 4-6 至表 4-9。

表 4-6　幼貉的日粮饲养标准

月龄(月份)	日粮/(g/只)	热能/kJ	饲料重量配比/%				
			鱼、肉类	熟制谷物	鱼肉副产品	蔬菜	骨粉及其他
3(7)	262	1 881	40	40	12	5	3
4(8)	375	2 508	40	40	12	5	3
5(9)	487	2 717	35	40	12	10	3
6(10)	525	2 842	35	40	12	10	3
7～8(11～12)	487	2 717	30	60	10	—	—

表 4-7　成年貉的饲养标准(热量比)　%

饲养时期	总热能/kJ	鱼、肉类	谷物	乳类	蔬菜	鱼肝油
7～11 月份	2 720	30～35	52～58		10	2
12 月份至翌年 1 月份	2 385	35～40	50～55		6	4
配种期	2 009	50～55	29～34	5	8	3
妊娠前期	2 511	45	37	10	5	3
妊娠后期	2 930	45	37	10	5	3
哺乳期	2 720	45	38	10	4	3

表 4-8　吉林省成年貉的饲养标准

饲养时期		日粮标准		混合饲料比例（重量比）/%				其他补充饲料/(g/d)						维生素/mg			
		热量/kJ	日粮量/[g/(d·只)]	鱼、肉类	肉、鱼等副产品	谷物类	蔬菜类	酵母	麦芽	骨粉	食盐	乳类	蛋类	维生素A/IU	维生素B	维生素C	维生素E
配种期（2～4月份）	公	1 674～2 093	600 左右	25	15	55	5	15	15	8	2.5	50	25～50	1 000	5		5
	母	1 674～2 093	500 左右	20	15	60	5	10	15	10	2.5			1 000	5		5
妊娠期（4～6月份）	前期	1 883～2 302	600 左右	25	10	55	10	15	15	15	3.0			1 000	5		5
	中期	2 511～2 720	700～800	25	10	55	10	15	15	15	3.0			1 000	5		5
	后期	2 930～3 348	800～900	30	10	55	10	15	15	15	3.0	50		1 000	5	5	5
产仔泌乳期（5～6月份）		2 930～3 384	1 000～1 200	25	10	50	10	15	15	20	3.0	200		1 000		5	
恢复期（6～9月份）		1 883～2 720	450～1 000	5～10	5～10	60～70	15		5	5	2.5						
配种准备期（10月份至翌年1月份）	前期	2 093～1 674	550～700	10～15	5～10	70	10			5～10	2.5						
	后期	1 465～1 674	400～500	20～25	5～10	60	10	5～8	10	5～10	2.5			500	2～3		

表 4-9　乌苏里貉干粉配合饲料饲养标准

营养成分	育成期	冬毛生长期	繁殖期	哺乳期
总能/(kJ/kg)	17.57	17.15	17.57	18.41
粗蛋白质/%	32	28	30	35
脂肪/%	8	8	7	8
粗纤维/%	<5	<5	<5	<5
无氮浸出物/%	36	43	38	32
钙/%	1.2	1.0	1.0	1.4
磷/%	0.8	0.6	0.6	1.0
食盐/%	0.5	0.5	0.5	0.5
赖氨酸/%	1.66	1.12	1.56	1.82
蛋氨酸/%	0.54	0.84	0.96	1.12
干粉料/%	90～100	95～100	90～95	85～90
鲜辅料/%	0～10	0～5	5～10	10～15

二、貉饲料的配制

1. 饲料配制的基本原则

饲料是貉养殖生产的物质基础，是貉的能量和营养来源。调配饲料时必须参考各类貉的营养需要量，再依据不同发育阶段貉的营养需要而予以灵活应用。貉饲料配制的基本原则如下。

(1)保证饲料的安全性　配制貉的饲料，应把安全性放在首位。只有首先考虑到饲料的安全性，才能慎重选料和合理用料。饲料配合必须遵循国家的《饲料和饲料添加剂管理条例》《兽药管理条例》《饲料卫生标准》《饲料药物添加剂使用规范》等有关饲料生产的法律法规，慎重选料就是注意掌握饲料质量和等级，最好在配料前先对各种饲料进行检测，也就是要做到心中有数。作为貉的饲料，其中不应含有任何有毒成分。为了保证产品符合卫生要求,为了维持消费者的利益,要充分估计到有些添加剂可能发生的毒害,必须遵守添加剂停药期的规定和有关使用添加剂的法规,确保安全第一。

(2)营养全面　貉饲料要根据各种饲料中营养成分的多少和饲料的消化率进行合理搭配。配合饲粮时应首先保证能量、蛋白质及限制性氨基酸、钙、有效磷、地区性缺乏的微量元素与重要维生素的供给量,并根据貉的品种、生产阶段、性别、季节、膘情等条件的变化,对饲养标准做适当的增减调整。饲料配合时应考虑到摄食的对象,如给生长幼貉配制饲料时,应多加些蛋白质、钙、磷和维生素D等,以利于幼貉的生长发育;对于老龄貉或疾病初愈的貉在增加蛋白质和钙的比例的同时,要特别注意补充足够的维生素C、维生素D、维生素B、维生素A等。

(3)适口性要好　适口性差的饲料貉不爱吃,采食量减少,营养水平再高也很难满足貉的营养需求。要考虑饲料的适口性,适口性好的饲料多用些,差的少用些。特别是为幼貉和妊娠貉设计饲料配方时更应注意。配合饲料时应尽量做到饲料原料多样化,做到多种饲料原料合理搭配,这样不仅能提高饲料的适口性,还能使各种营养物质得到相互补充,从而提高饲料的营养价值。生产中应根据貉对各种养分的需要,以及在不同饲料中各种养分的有、无、多少进行搭配才合理。另外,饲粮在一般情况下应煮熟再喂,煮熟可改善饲料外观、味道、质地,不仅可以提高饲料的消化率,增强饲料的适口性,而且能有效防止疾病的传染。但要注意,饲料不宜蒸煮过烂,以防营养物质被破坏。

(4)饲料容积要适当,控制粗纤维含量　一个好的配合饲料,应该既保证养分够,又保证貉吃饱而不过食浪费。不同年龄的貉,在消化道容积、饲料通过消化道的速度和消化能力等方面是不相同的。所以,饲料的容积和单位重量中养分含量,应该与貉的消化生理要求相适应。例如,幼貉消化能力差,就应配成易消化、养分含量高、饲料容积较小的配合饲料。总之,饲料容积关系到采食量(进食量),进食过多或不足都不好。碳水化合物是最廉价的能源,碳水化合物中含有粗纤维,粗纤维有通便作用。但粗纤维含量不能过高,过高能降低消化率和适口性,适宜的含量为5%左右。

(5)因地制宜,选择配方原料　配合饲料既要考虑生产实际,又要提高产品档次;既要降低生产成本,又要注重生产水平和经济效益。配方原料要充分利用当地生产的和价值便宜的饲料,最好是在不降低或不很降低饲养效率和经济效益的前提下,尽量就地取材,物尽其用,降低生产成本。

(6)饲料配合要相对稳定　如确需改变时,应逐渐过渡,应有1周的过渡期。根据貉的生产状况及环境条件,可在原有的饲养标准基础上适当调整,调整幅度为±10%。在应激条件下,适当提高维生素的添加量。当饲料原料发生变更时,营养性质相似的饲料可以按其饲养价值相互替换。如果突然变化过大,会引起应激反应,降低貉的生产性能。

(7)饲料应储存在干燥、阴凉处　高温高湿可加快饲料中维生素和养分的破坏。虽然添加霉菌抑制和抗氧化剂有助于延长饲料的储存期,但也应在4周内用完。

2. 饲料配方设计的基本步骤与方法

饲料配方设计有多种方法,但一般包括以下5个基本步骤。

(1)确定目标　不同的生产目标对配方要求有所差别。此外,还包括对环境的影响、产品质量等方面。随养殖目标的不同,配方设计也必须做相应的调整,只有这样才能实现各种层次的需求。

(2)确定貉的营养需要量　国内有关学者和科研单位推荐的貉饲养标准可以作为营养需要量的基本参考。但由于养殖场的情况千差万别,貉的生产性能各异,加上环境条件的不同。因此,在选择饲养标准时不应照搬饲养标准,而是在参考标准的同时,根据当地的实际情况进行必要的调整,稳妥的方法是先进行试验,在有了一定把握的情况下再大面积推广。

(3)选择饲料原料　这是饲料配制的第3步,即根据前面的原则选择可利用的原料,并对其养分含量进行实测,确定其对貉的利用率。选择饲料原料首先注意饲料原料品质。在小型养殖场感官检验占有重要的地位,原料的感官检查常用的检查指标如下。

①颜色:典型、明显而一致的色泽。

②气味:新鲜、特有的气味,无异味。

③水分:无黏性,干燥,无受潮现象,对于玉米等谷物,可以通过紧握时对手心的刺痛感强弱来判断水分是否超标。

④温度:无发热现象。

⑤质地:颗粒大小一致,无破碎现象。

⑥标签:名称与发货单一致,在保质期内。

⑦其他:不夹杂灰尘、霉菌、植物枝叶、金属杂品、砂粒及其他杂质,无鸟类、鼠类或其他昆虫污染的迹象。具体原料的选择应是适合貉的习性并考虑其生物学效价(或有效率)。

(4)饲料配方设计　将以上3步所获取的信息综合处理,形成配方配制饲料,可以用手工计算,也可以采用专门的计算机优化配方软件。其中手工配方方法容易掌握,但完成配方的速度慢。饲粮配合的理想工具是电脑,电脑可以应用先进的线性规划法,迅速完成配方,而且可以把成本降到最低。电脑配方法现有出售的软件,其运算简单,不做详细介绍。下面只介绍以下手工配方方法,供小型貉场或个体户参看应用。手工配方法主要有试差法和线性规划法等。试差法又叫试差平衡法,运算简单、容易掌握,可借助笔算、珠算、电子计算器完成,在实践中应用仍相当普遍,现介绍如下。

①确定相应的饲养标准:根据貉的品种类型、生长阶段、生产水平,查找貉的饲养标准,确定日粮的主要营养指标,一般需列出代谢能、粗蛋白质、钙、磷、赖氨酸、蛋氨酸、蛋氨酸+胱氨酸等。

②确定饲料种类和大概比例:根据市场行情,确定所用饲料种

类、查饲料营养成分及营养价值表，列出所用各种饲料的营养成分及含量。

③初算：将各种饲料的一定百分比，按貉常用饲料成分表计算饲料的营养成分含量，所得结果与饲养标准进行比较。

④调整：反复调整饲料原料比例，直到与标准的要求一致或接近。如粗蛋白质含量低于标准，可用含粗蛋白质高的饲料（鱼粉、豆饼等）与含粗蛋白质较低的饲料（玉米、麦麸等）互换一定比例，使日粮的粗蛋白质含量达到标准。当代谢能低于标准时，可用含代谢能高的玉米与含代谢能低的糠麸等饲料互换一定比例，使日粮的代谢能达到标准。经过调整，各种营养已很接近标准时，最后加入矿物质饲料、微量元素、氨基酸和维生素，使其达到全价标准。

（5）制作小样和质量评定　为了减少浪费，饲料配方设计好后，应先配制一小部分样品，对其气味、色泽等指标进行评定，如果不合适，要重新配制。配方产品的实际饲养效果是评价配制质量的最好尺度，应当经常比较配方与实际饲养效果的差异。

三、貉饲料的加工与调制

1. 貉饲料的加工

为改善饲料的适口性，保存和提高饲料的营养价值，确保饲料安全无毒，要对不同饲料进行各种加工处理。对貉饲料进行加工的方法很多，如粉碎、晒干、打浆、发酵、糖化、蒸煮、膨化、焙炒和碱化等，其中最常用的是粉碎、蒸煮、膨化。

粉碎加工又称磨碎。禾谷类、豆类籽实及饼类饲料质地坚硬，不方便进行调配，饲喂后貉难以消化。此类饲料利用前需要将其磨成粉状。需要注意的是，磨碎的饲料在温暖潮湿的环境中易发霉、变质，应将其放置在阴凉、通风和干燥的环境中。磨碎的饲料一旦霉烂，禁止用来喂貉，以防中毒。

蒸煮是饲料饲喂貉前一种最常用的调制方法。肉类易感染细菌和寄生虫，应加热后饲喂，加热时间应以杀菌和煮熟为准，以保证养分被充分利用。不要焖烂，肉汤可以与饲料一起拌喂。肉块不宜用冷水煮，否则血清蛋白会凝固而缠裹在肉的纤维上使肉变硬，肉应在水烧开后放入锅内，使外层部分血清蛋白迅速凝结，形成不溶于水的被膜，使内部血清蛋白不易流出，既保持了肉的营养成分，又使肉味鲜美，肉质鲜嫩可口。一些鱼体内含有硫胺素酶，可破坏硫胺素（维生素 B_1），加热能使硫胺素酶失去活性，因此鱼类及副产品也应加热后饲喂。蛋清中含有抗生物素蛋白，能与生物素相结合而降低生物素的作用，因此蛋品也应加热后饲喂。蒸煮可软化粗纤维，促进淀粉降解，提高饲料的消化率和适口性。貉原本是肉食动物，在长期进化过程中变成杂食动物，但其消化生理还保持肉食动物的特点。谷类饲料含淀粉较多，貉对淀粉的消化能力较差，在饲喂前应进行加热，可蒸窝头或煮成粥，但不能烧糊或夹生，否则会影响适口性和消化吸收。豆类饲料熟制处理，还能破坏其所含的抗胰蛋白酶、血细胞凝集素和皂碱等有害的生物毒素，从而保证貉的安全。熟制加工过程中应尽可能减少破坏饲料自身有益的酶类和维生素等营养成分。蔬菜应洗净后切碎，然后放在锅内煮。块根不要削皮，洗净后直接加热。

膨化加工即利用机械对饲料进行加温、加压处理，使其膨化成乳状颗粒或圆粒形饲料。膨化饲料具有适口性强，易消化的优点，可提高饲料利用率，有助于貉体健壮。

2. 貉饲料的调制

饲料调制是指将一些已加工过的饲料，按照貉的营养需要，烹调成貉食用时的状态。调制饲料的基本要求是卫生、营养、貉喜食、易消化、不浪费。在加工调制饲料过程中，饲料中的营养成分会有一定数量的损耗，饲料中的营养物质也不可能全部被机体吸收利用。在调制饲料时，一定要注意保证饲料中有足够的营养成分，以满足貉对能量和各种营养物质的需要。为此，要根据各种不同饲料的性质和貉喜食的状态进行烹调。

饲料调制前应进行饲料品质及卫生鉴定，严禁饲喂来自疫区的饲料和变质饲料。新鲜的动物性饲料应充分进行洗涤，一般需用0.1%高锰酸钾溶液消毒，然后用清水洗净。要除掉肉类饲料上过多的脂肪，副产品（胃、肠、肺、脾等）需高温煮熟后冷却备用，冷冻饲料经缓冻后再行洗涤。鱼类饲料可先用清水浸泡，然后洗去表面黏液。蔬菜饲料调制前需切除根和腐烂部分，去掉泥土。为防止发生肠炎和寄生虫病，可用0.1%高锰酸钾溶液消毒，然后用清水洗净，切成小块备用。称量准备好的各种饲料，分别用绞肉机绞。小型碎块饲料，可将几种饲料混合绞制，大型的饲料，可先绞鱼类、肉类和肉副产品，然后再绞其他饲料。然后，将各种绞制的饲料放在大的木槽、铁槽或搅拌槽内，先放占主要成分的谷物，蔬菜类、鱼肉类或其他动物性饲料，然后加入预混饲料和稀释的豆浆或水，充分搅拌。

貉的精饲料部分可调制成窝窝头或蒸糕状来饲喂貉。其方法是在玉米或小米中掺上2/3的面粉，然后将食盐、骨粉等添加饲料拌入精饲料中搅匀，用手将面和好后捏成窝窝头状或做成蒸糕状，蒸熟即可。饲喂时须将窝窝头或蒸糕切成小块状，拌入菜肉汤中供貉采食。青菜和块根类蔬菜饲料宜洗净切成碎块后，连同煮烂的肉、鱼粉、食盐、骨粉等一起拌入饲料内；也可将生肉或内脏以冷水洗净切碎，煮熟再混入蔬菜类饲料，短时间内煮沸，使之成为混合的菜肉汤后与调制的米类或其他谷物饲料拌匀后喂貉。

3. 貉饲料加工调制的注意事项

饲料经过合理的调制后，常可增进貉的食欲，促进消化吸收，获得良好的营养效果。若调制不当，不仅使饲料中的营养物质丢失严重，而且会导致貉发生疾病。加工调制饲料的速度要快，以缩短加工时间，每次调制应在临分食前完成，不得提前，应最大限度地避免多种饲料混合而引起营养成分的破坏或失效。配料准确，拌料均匀，浓度适中。繁殖期浓度宜稀，非繁殖期宜稠，冬季和早春应适当加温，以免过早结冻。此外，调制貉饲料时应注意以下几点。

①加工肉类时，洗肉要用冷水，浸泡时间不宜过长，煮沸的时间长短以杀菌、肉熟为度，以减少蛋白质损耗。

②谷类饲料通常只需用清水将沙土淘净即可。如需浸泡膨胀，则应在浸泡后，将浸米水和米一起倒入锅内煮熟，以保证营养成分的充分利用。调制谷物类饲料时，无论是做粥，还是制作蒸糕，都不得夹生或烧糊。

③蔬菜饲料应先洗后切，并用急火快速煮熟，混入其他饲料中饲喂。煮熟后的蔬菜放置时间不宜过长，以防产生亚硝酸盐而引起貉食物中毒。

④蔬菜、谷物类饲料和肉类应分别煮熟后，再混搅在一起喂貉。

⑤维生素饲料以及乳类、酵母等必须临喂前加入，防止过早混合被氧化破坏。食盐、酵母应先用水溶解，稀释后再混入饲料内。在调制过程中，水的添加要适当，严防加入过多，造成剩食。

⑥貉的饲料烹制好后，将之放置在清洁的台架上或橱内用纱布或窗纱盖上，以防苍蝇污染。

⑦饲料最好现吃现调制，不宜过夜。在夏季，饲料极易酸败变质，绝不能用酸败的饲料喂貉，以免发生食物中毒或其他疾病。在冬季，应注意饲料的保温（最适温度为 40℃左右），并防止让貉吃冰冷的食物。

⑧注意防鼠，以免引起传染病的发生和造成浪费。

⑨在加工调制过程中，各种饲料原料的营养素都会有一些损失，一般肉类损耗 18%，鱼类 35%～40%，豆类 10%，蔬菜块根类 15%，损耗总量约为 40%。所以，调制时必须科学合理，尽量减少营养成分的损耗。

第四节　貉的饲料安全与鉴别

目前，随着我国经济的发展及人们生活水平的提高，对裘皮的需求日益增加，使得貉等毛皮动物养殖业迅速发展。目前，我国还没有统一的貉饲料标准，饲料生产企业一般以企业标准进行生产，具有较大的随意性。正确评价一种饲料的质量及安全非常重要。针对我国毛皮动物饲料的这一发展形势和状态，对貉饲料中毒及其质量鉴别做以简要概述。

一、貉饲料中毒

1. 貉饲料中毒的一般特点

貉很多症状与病理变化都以消化系统为主，仅有轻重程度的差别；在同一时间饲喂的情况下，病貉发病的时间相对接近，无传染性；发病前，貉采食、饮水、精神活动正常，在采食后突然发病，不同种类的饲料中毒，各自还有特征性的病理变化和临床症状；愈是健康壮实、采食量愈大的貉，发病愈剧烈，全身症状愈严重。

2. 貉常见的饲料中毒

(1)食盐中毒　一些饲料原料供应单位或个人为了防止动物性饲料腐烂，在饲料干制过程中加入了大量的食盐进行脱水和防腐，使得饲料原料中食盐含量很高。有些劣质鱼粉生产单位或个人为了获取较大的利润，在鱼粉中添加食盐或羽毛粉等，也会使饲料中食盐含量超标。有些干粉饲料厂使用大量含食盐过多的劣质鱼粉或大量用食盐处理过的动物下脚料做饲料原料，在投入市场前又没有经过严格检验。貉养殖者一旦应用这种饲料，在饮水缺乏时就会发生大群的貉食盐中毒。貉食盐中毒的症状为大量饮水、流涎、颤抖、痉挛、粪便带血液，最后呈昏迷状。剖检可见胃肠黏膜呈出血性炎症，肝脏、脾脏、肾脏肿大。发现貉中毒后立即停喂含盐过多的饲料。中毒初期可用硫酸铜等催吐剂，同时用0.5%～1%单宁酸洗胃，用食醋适量加水灌肠也可。

(2)肉毒杆菌毒素中毒　它常为鱼粉、血粉、骨肉粉等动物性饲料变质引起，这种细菌毒素主要侵害貉神经系统，故以神经麻痹症状为其主要表现：唇、舌、咽等部位麻痹。剖检可见肝脏、脾脏、肾脏、胃肠、脑膜充血、水肿和出血。胃肠道内有黑褐色液体或粥状物。

(3)黄曲霉菌毒素中毒　干粉饲料在保存过程中常常会由于潮湿、高温、保存时间过长等原因造成霉变，特别是含豆类较多的饲料，在雨季潮湿、高温等条件下易生黄曲霉，黄曲霉产生的毒素对貉具有直接毒害作用，轻则引起腹泻、便血，重则引起死亡，出现难以弥补的损失。

(4)组织腐败物中毒　使用鲜料饲喂养貉场(户)，还需要注意新鲜动物性饲料经细菌或真菌分解而产生的毒素，如组织腐败物(组织胺，硝酸盐，有毒的醛、酮、过氧化物等)，貉食后会出现诸如食量减少、腹泻、生长迟缓、失重、甚至死亡等现象。

(5)氧化脂肪酸中毒　采食氧化性脂肪会引起毛皮动物的“黄脂肪病”，其主要原因是因为不饱和脂肪酸易被氧化而形成过氧化物，把饲料中的抗氧化物质维生素 E 消耗殆尽，从而使得细胞膜破坏，形成“黄脂肪”样病变，出现维生素 E 严重缺乏症状，贫血、肌肉坏死等。

(6)添加剂中毒　常因对一些药物滥用，过剂量添加或混入了铅、汞等重金属元素而发生添加剂中毒，时有亚硒酸钠、硫酸铜等中毒发生。常见症状为消化障碍、下痢或便秘、脱毛、皮屑增多等，严重时可引起急性死亡。剖检变化以消化道炎症为主。在添加剂的选择与使用中，一定要注意不能随意使用其他动物的添加剂，否则往往会出现意外中毒。

(7)激素中毒　动物下杂中如有甲状腺、肾上腺、垂体等腺体，它们的激素含量较高(如雌激素等),采食后,极低的浓度也会造成流产、死胎。动物性饲料,特别是动物的下杂,如头颈、内脏等直接饲喂或经加工成干粉饲料后饲喂貉,可能会造成激素中毒。

(8)沙门氏菌中毒　常见于鼠类活动频繁的养貉场,造成饲料和饮水污染,包括肠炎沙门氏菌和鼠伤寒沙门氏菌,有时也有乙型伤寒沙门氏菌。中毒貉表现为呕吐、腹痛、下痢、食欲减退和失水等急性胃肠炎症状。剖检病理变化主要为消化道炎症。

(9)农药中毒　喷射灭蝇药物、消毒剂(如甲醛)等,均可能造成貉肺部吸入或混入食物而中毒或感染。养貉场在消毒、驱蚊蝇时,一定要注意远离貉及其饲料,防止农药中毒。

3. 貉饲料中毒的应急处理措施

当貉群发生饲料中毒时,采取尽可能的应急措施,其目的是迅速排出毒物,改善全身状况,加强肝脏的生理解毒功能,使病貉脱离危险,尽早恢复健康,最大限度地减少损失。

(1)除去毒物　首先停止喂可疑的饲料或停用添加剂,也可先内服活性炭,再服盐类泻剂,使胃肠中的毒物排出体外。

(2)解毒　根据引起貉的中毒毒素,采取化学解毒、生理解毒等措施。如有机磷农药中毒时最好用解磷定、氯磷定、双解磷、双复磷等。

(3)对症治疗　针对中毒的临床症状采用的紧急措施,以迅速改善病貉的全身状况,如抽搐痉挛时注射氯丙嗪等镇静解痉,心力衰竭时注射安纳加或尼可杀米等强心改善冠状循环,兴奋中枢;腹泻引起脱水时补液。

(4)全身治疗　为稀释体内毒物,增加尿量,加快已吸收的毒物排出及调节生理解毒功能,常用大剂量5%～10%葡萄糖、生理盐水、复方生理盐水等静脉注射,遇静脉注射困难时实行腹腔或皮下分点注射。

(5)黄曲霉毒素　发现饲料原料霉变每吨饲料中添加脱霉剂

1.5～2 kg,个别症状明显的服用制霉菌素。

二、貉饲料的质量鉴别

对大型的饲养场,饲料质量的鉴别可以委托有资质的检测中心或研究部门进行;但对于小型饲养场和个体养殖户,饲料的送检成本较高,可以通过一些经验进行判定。

1. 饲料品质的一般鉴别法

饲料品质的一般鉴别法,是指用视觉、嗅觉、触觉等鉴别原料品质的一些方法。

(1)视觉法　视觉法指通过肉眼或放大镜观察原料形态、颜色、虫害及霉变的一种方法。如观察时若发现原料结块,可能是水分含量过高或发生了霉变。粉碎、过筛时若发现粉料呈球块,一捻又成粉末时,除上述原因外,可能与脂肪含量较高,有黏性物质存在有关。正常豆粕应呈黄色或金黄色,若呈褐、棕褐色或棕黑色,可能加热过度。要确切判断,尚需通过脲酶活性等方法进一步确定。

(2)嗅觉法　原料因发酵、腐败,可导致蛋白质分解,人为添加非蛋白含氮化合物也可产生挥发性氨气味;脂肪酸败和过热焦化可产生焦臭味等,都可通过嗅觉判断。如发现鱼粉有刺激性氨味、哈喇味、霉味,即可判定该鱼粉已发生腐败、霉变或脂肪酸败。

(3)触觉法　触觉法指原料水分含量可通过手摸、耳听来判断。如手插入料堆感觉湿凉,表示原料含水量超标。

(4)味觉法　品尝饲料是否过咸,或有涩味、苦味等异常味道。

2. 饲料原料的感官检查的主要内容

饲料原料的感官检查在饲料品质控制上占重要的地位。常用的检查指标主要包括以下几方面。

①颜色:典型、明显而一致的色泽。

②气味:新鲜、特有的气味,无异味。

③水分:无黏性,干燥,无受潮现象,对于玉米等谷物,可以通

过紧握时对手心的刺痛感强弱来判断水分是否超标。

④温度:无发热现象。

⑤质地:颗粒大小一致,无破碎现象。

⑥标签:名称与发货单一致,在保质期内。

⑦其他:不夹杂灰尘、霉菌、植物枝叶、金属杂品、砂粒及其他杂质,无鸟类、鼠类或其他昆虫污染的迹象。

不同原料感官检查时的标准可以参考相应的饲料原料标准。

3. 配合饲料感官质量主要内容

(1)整齐度与一致性　整齐度指成品的所有组分在外观形态上的相似程度。一致性指不同批次、同一批次先后不同时间所出产品在外观形态上的相似程度。整齐度取决于原料的组成、基本形态以及原料的粉碎。对于颗粒料来讲,整齐度还取决于加工成型过程的工艺水平。

(2)气味和色泽　饲料产品的气味应该是原料固有的。饲料产品的气味一旦确定下来,就应该稳定为好,而且可以通过气味的变化间接地判断配料有无问题。因此,无论从量上还是从敏感性上,气味都有条件成为产品内在质量的一个标志。正常的毛皮动物干粉饲料具有一定的鱼鲜香味、肉香味及熟化玉米香味。闻饲料是否有刺激性气味,如霉变味、氨味、腐败味、酸味、恶臭等刺激性气味,有异味的饲料一般已变质或混有杂质,貉不能食用。与气味相联系的还有产品的味道,调味剂常用在特殊的产品上以形成它特有的味道。饲料的味道可采用嘴尝的方式检查,看饲料是否过咸,或有涩味、苦味等异常味道。色泽也应该是原料的固有特征。色泽一方面反映原料的新鲜程度,另一方面可以用来判断典型原料的用量大小。但是也有人使用一些有着色作用的饲料添加剂,使产品的色泽更加鲜亮好看一些。

(3)看沉淀物　用一柱形透明玻璃杯盛 2/3 清水,取 50～100 g 饲料放入杯中,适当搅拌后静置 1～2 min,看杯中固形沉淀物是否过多，一般饲料允许有少量沉淀，沉淀过多会影响饲料的适口性及吸收率。

(4)看饲养效果　这是最重要、最有说服力的观察。首先应适口性好，貉喜食；其次是消化良好，排出粪便干湿适宜，不腹泻，能保证貉具有良好的吸收率；三看貉生长情况，好饲料饲喂一段时间后，貉应生长旺盛，毛色光洁柔顺。一般生长期貉死亡率在1%～3%，在没有重大传染性疾病或异常死亡的情况下，超过这个比率时，很大程度上与饲料营养性缺乏有关，特别是微量元素和维生素的缺乏。

第五章　貉的饲养与管理

第一节　貉生产时期的划分

貉在人工饲养过程中，其饲料和生活条件完全由人来提供。人工环境是否合适，提供的饲料是否能满足其生长发育的需求，即饲养管理的好坏，对貉的生长发育、繁殖和生产毛皮影响极大。因此，我们必须根据貉的生长发育特性，进行科学的管理，才能提高貉的生产力。种貉在生长发育上表现出与幼貉明显不同的特性，其生命活动呈现明显的季节性变化。因此，在种貉的饲养管理过程中，可将其一年的生产时期划分为准备配种期、配种期、妊娠产仔期、哺乳期、恢复期等几个阶段（表 5-1）。仔（幼）貉是指处在刚出生至长成成貉以前这个年龄段的幼龄貉。仔（幼）貉的饲养时期可划分为哺乳期和育成期 2 个时期，从 12 月份开始育成貉即进入成貉阶段，处在成貉的准备配种后期，而后开始进入貉有生以来的第 1 个繁殖季节。幼貉育成期又可区分为前期和后期。育成前期幼貉尚处于快速生长阶段，而至育成后期，发育已经基本成熟，并进入冬毛生长阶段，同时为进入成貉阶段做准备。事实上，育成后期即同时又是准备配种前期。

表 5-1　貉不同生产时期的划分

项目	月份											
	9	10	11	12	1	2	3	4	5	6	7	8
公貉	准备配种前期（又称冬毛生长期）			准备配种后期		配种期		恢复期				
母貉	准备配种前期（又称冬毛生长期）			准备配种后期		配种期	妊娠期	产仔泌乳期			恢复期	
仔(幼)貉	育成后期（又称冬毛生长期）			……………………				哺乳期			育成前期	

第二节　貉的一般饲养管理

一、貉的饲喂

根据貉的生活习性，建立一套稳定的饲喂制度十分重要。饲喂方法是指每次喂貉时要有一定的顺序和程序。顺序的原则是先次后好。程序的原则是少给勤添。先次后好能保持貉的旺盛食欲；少给勤添使貉总是略有不足之感，不至于厌倦挑剔。具体操作时，貉的饲喂要做到“六定”，即定时、定量、定温、定质、定地点和定次数。

1. 定时

定时就是指每天的饲喂时间相对固定，每天到时就喂，不能时早时晚。定时饲喂可促进消化液的定时分泌，提高貉胃肠的消化力，有利于提高饲料的利用率。

2. 定量

定量就是每天喂貉的食量要相对恒定，不可时多时少，避免貉饱一顿饥一顿。食物过量和不足均会影响貉正常生长、发育，尤其是对幼貉。食量过大易引消化不良、腹围膨大或四肢变形等；食量过少会使貉感到饥饿，不能安静休息，进而导致营养不良。貉的食量应根据貉的需要来决定，每次进食在 15～30 min 内吃完为宜。确定貉的食量，刚开始时可以喂得稍多一些，视吃剩的食物多少判断喂量是否过多。当喂完食后，貉仍然啃咬空盆，这可能是食量不够；如果经常剩食就可能是食物过量。实践中，可以观察貉 3～4 d 内的采食量，加以平均，算出平均每天的采食量，再按这个量稍稍减一点即为貉的喂食量。在幼貉生长过程中应慢慢增加喂食量，喂食量应根据貉的进食情况，2～3 周调整 1 次。

3. 定温

定温是指根据不同季节的气温变化，调节饲料及饮水的温度。饲料和饮水的温度不能过高或过低，一般宜掌握在 40℃左右，但冬、夏有别，要做到“冬暖、夏凉、春秋温”。

4. 定质

定质是指饲喂用的饲料质量一定要保持新鲜、清洁，防止吃霉烂腐败的饲料。饲粮的配合应保持相对稳定，不要随意变动，如有变动，应逐渐平稳过渡。

5. 定地点

定地点是指相对固定饲喂地点，每只貉的饮具、食具专用，不可到处乱喂，防止貉养成随地乱吃东西的不良习惯。

6. 定次数

定次数是指根据不同年龄或生产用途来决定饲喂貉的次数。一般断乳幼貉和生产后期母貉每日喂 4～5 次。4～6 月龄幼貉、妊娠貉和哺乳母貉每日喂 3～4 次，分别为早、中、晚或午夜。6 月龄至成年貉喂 2～3 次。

此外，要注意保证饮水充足、新鲜。如果饮水不足，貉容易发生消化不良、便秘等胃肠道疾病，在炎热的夏季更应注意。

二、卫生管理

1. 笼舍的管理与卫生

笼舍是貉栖身的场所，只有正确的管理和使用，才能保证貉健壮。夏季天气炎热时，应采用搭盖凉棚、洒水等方式进行防暑降温。春秋季天气变凉时，冬季寒冷时，还应再加盖草帘等，借以防寒保温。貉舍要有良好的通风和日照，以保证空气新鲜，日照充足，如果通风不好，空气污浊，阴暗潮湿，就会引起各种疾病的发生及传染病的暴发。貉舍应每天清扫，随时清除粪便污物。在日常清扫的基础上，根据气候情况和貉舍污染程度，还要进行必要的洗刷。夏季天气炎热，可以经常洗刷；春秋季天气较凉，可每周洗刷 1 次。冬季寒冷则可酌情洗刷或根据需要进行局部洗刷。除了及时清扫和洗刷之外，貉舍要定期消毒，一般每周 1 次，借以减少疾病的传播；当有传染病发生时，要随时消毒。消毒过程中要注意不留死角。此外，垫草要定期更换。消毒时注意选择消毒药的种类，尽可能选择气味和刺激性较小的消毒药。貉舍的排水沟要保持畅通。貉舍周围的粪便和污物要及时清理、运走，并集中堆放在指定地点。貉粪应进行深埋或堆积发酵等无害化处理。夏季要注意消灭蚊、蝇等。

2. 貉的饮具、食具卫生

貉的饮具、食具卫生对貉健康有极大影响，必须专貉专用，保持清洁定期消毒。每餐后食具都要清洗干净。饮水盆每天要更换新鲜饮水。饮具、食具一般每周煮沸消毒 1 次，或用 0.1%新洁尔灭、84 消毒液或漂白粉上清液浸泡，最后用清水将残留药物冲洗干净。

三、分群管理，加强运动

对种公貉、种母貉、幼貉、育成貉、皮用貉应按照品种、年龄、性别、体质强弱和吃食快慢分群分舍饲养。运动可增强貉的新陈代谢，刺激神经系统和内分泌的作用，增加食欲，提高种公貉的性欲、配种能力和母貉的繁殖力，防止难产，减少死胎、弱胎，促进幼貉和育成貉骨骼和肌肉的发育。

四、勤观察

勤观察是指要密切注意貉或貉群的动态，及早地发现疾病和隐患，及时纠正饲养管理中的失误。

1. 观察食欲

在喂食时，健康貉对饲养人员和投料的声音极熟，一到时间就会找食，这样的食欲是健康貉的重要标志。对于不走近食槽的貉、不采食的貉、采食慢或中间退槽的貉，应在饲喂结束后，及时诊察，进行处置。

2. 观察饮水

一般情况下，健康貉饮水时反应敏捷，饮水适量，而病弱貉则反应迟钝。当舍内温度过高、饲料中含盐量过高、饲料发霉时，貉的饮水量增多。

3. 观察粪尿

清扫貉舍时要注意观察貉粪便的形状与颜色是否正常。正常粪便主要香肠样或香蕉状。若粪便过稀或不成形，则是摄入水分过多或消化不良的表现；粪便呈浅黄色泡沫样或黄绿色、恶臭，则大部分是肠炎引起的。

4. 观察动作

健康貉精神活泼、好动，特别是仔貉。如动作不活泼、离群、呆立、精神不振等，则是不健康的标志。有跛行等症状的也要仔细观察。

此外，要注意观察貉有无眼屎，被毛是否有光泽，鼻镜是否干燥，精神状态如何，这些都是判断貉是否健康的依据。貉的皮肤病很多，耳、头、颈部、背部等脱毛，并伴有脱皮屑、剧烈痒感，是疥螨病的表现。大腿内侧等无毛处出现丘疹,并伴有呼吸症状和脚趾肉垫角化,可怀疑是犬瘟热。貉鼻镜有特殊的分泌结构,健康时经常呈湿润状态(睡觉和刚刚睡醒时鼻尖干燥)。热性病和代谢紊乱时,鼻端干燥并有热感,严重时鼻端出现龟裂。

五、貉的驯化

驯化是指依据貉的生物学特性,对貉施以影响,使其形成良好的行为习惯和服从性,从而达到人兽亲和,便于饲养管理的过程。驯化过程其实就是使貉的适应性发生改变,而适应于新的环境要求的过程。通过驯化可促使貉体形逐渐增大,较为温顺,毛皮质量不断提高,加快生长发育,促进性腺正常发育,提高繁殖能力等,总的目标是向品种化的方向发展。驯化是通过为貉提供新的生活环境、保证给予食物及其他必要的生活条件使貉不受敌害的侵袭、不受寄生虫及传染病菌的感染,并结合人工选择手段而达到的。为貉提供的人工环境,需要在模拟貉的野生环境基础上,创造性地根据生产需要为貉提供稳定的气候条件、充足的食物以及其他必要的生活条件,使貉不受敌害的侵袭、不受寄生虫及传染病菌的感染。幼貉有可塑性大的特点,能更好地接受人工环境与饲养管理,应在貉幼龄阶段有重点地驯化。性生活期是貉行为活动的特殊时期,此时,由于体内性激素水平的提高,出现易惊恐、激怒、求偶、殴斗、食欲下降、群居独走等特点。对此,应进行特别有针对性的驯化,并注意有关人员安全。例如,对初次配种的貉应进行配种训练,防止拒配和咬伤。驯化的最终目标几乎不可能在一个世代达到。而是要经过几十个世代,甚至几百代的连续驯化才能完成。这样,不但可以改变当代貉的行为,而且可以动摇其遗传基础,为基因突变提供机会。需要指出的是,驯化是在貉先天的本能行为基础上(无条件反射)而建立起来的人工条件反射,是貉个体后天获得的行为。这种人工条件反射可以不断强化,也可以消退,它标志着驯化程度的加强或减弱。所以，不能把人工驯化看成一劳永逸，人工建立的优良的条件反射需要不断的巩固和强化，才能保持良好的生产性能。

第三节 种貉的饲养管理

一、准备配种期的饲养管理

从9月底月至翌年1月底为貉的准备配种期。每年秋分(9月21～23日)后，随着日照时间的逐渐缩短和气温下降，貉的生殖器官及繁殖相关的内分泌活动逐渐增强，生殖腺从静止状态转入生长发育状态，到翌年1月末2月初，公貉睾丸中已有精子产生，母貉卵巢也形成成熟的卵泡。本期又可分为准备配种前期(9～11月份)和准备配种后期(12月份至翌年1月底)。

1. 饲养要点

准备配种前期既是貉的毛绒生长期，又是貉性器官开始发育时期，同时又为越冬储备营养物质的时期。此期要保证脂肪和蛋白质的供应，还要补充蛋氨酸和半胱氨酸，饲粮中动物性饲料比例不应低于15%，可适当提高饲料中脂肪含量，以利于提高肥度。一般到11月末时，种貉体况应得到恢复，母貉应达到5.5 kg以上，公貉应达到6 kg以上。饲喂上要以吃饱为原则，过少不能满足需要，9～10月份日喂2次，11月份可日喂1次。

准备配种后期的饲养重点是保障性器官的迅速发育，并使其有一适度身体状况，以能正常发情交配。这一时期包括貉非持续性冬眠期。准备配种后期的貉活动少，食欲降低。进入准备配种后期，应及时根据种貉体况对日粮进行适当调整，适当增加全价的动物性饲料，增加饲料种类，以增强互补作用。同时，要喂给一定数量的酵母、麦芽、维生素A、维生素E等，可对种貉生殖器官发育和功能发挥起到良好的促进作用。从1月份开始,每隔2～3 d可在饲料中加入少量的刺激发情的滋补饲料,如大葱、大蒜等。从12月份开始可日喂1次,从1月份起日喂2次,每天饲粮按早饲40%,晚饲60%的比例喂给。

2. 管理要点

(1)注意防寒保暖,保证种貉得到充足日照　从10月份开始在小室内添加垫草,日常要注意小室的检修,防止漏风。最好将种公貉养在向阳的一侧,切忌不能把貉放在阴暗潮湿的室内或山洞内,否则会影响公貉睾丸的发育。无规律地增加或减少光照,都会影响貉生殖器官的正常发育和毛绒的正常生长。在整个配种准备期笼舍要保持自然光照,不要人为增加光照时间,禁止夜间在笼舍内用电灯照明等,以免影响种貉正常发情。

(2)调整身体状况　特别是准备配种后期,管理的重点是调整体况。种貉的体况与繁殖力有着密切的关系,过肥、过瘦都会降低繁殖力。一般貉的理想繁殖体况为公貉6～7 kg,母貉5.5～6 kg,临近配种时种貉的体重指数为100～110 g/cm。鉴定种貉体况可用触摸鉴定、称重鉴定和目测鉴定3种方法。触摸鉴定是饲养人员用手触摸貉的背部、肋部和后腹。过肥的貉背平,肋骨不明显,后腹圆厚。过瘦的貉脊椎和肋骨突起,后腹空松。中等体况介于两者之间。采用称重鉴定是应该有貉群的体重基础资料。不同的貉群和个体间体重存在着较大的差异。也可以采用体重指数法来通过调整,尽量使种貉肥瘦程度达到理想状态。体况鉴定后,对体重过胖或过瘦的个体加以调整。对体况过肥的可采用加强运动、控制食量、调整饲粮配方(如果是全群性偏肥,适当降低日粮中脂肪和糖类饲料的比例,适当增加蔬菜饲料的供给量)等方法减肥。对体况过瘦者可采用增加饲料的供给量、适当提高饲粮中的能量等方法增肥。对于个别貉食欲较差要查找原因,对症治疗。对貉的减肥和增肥都要适度控制,不要大起大落,饲料的改变也要逐步进行，一般不提倡饥饿减肥。

(3)注意饮水供给 缺水会使貉出现口渴，食欲减退，消化机能减弱，抗病力下降。严重时会导致代谢紊乱，甚至死亡。因此，每天要保证有足够的清洁饮水。天气寒冷时，每天可饮 1 次温水。

(4)加强运动，适时驯化 运动能使种貉发情正常，性欲旺盛，公貉配种能力强，母貉配种顺利。可经常逗引貉在笼内运动，在温暖的中午可将其全赶出小室运动，增加其与人的接触机会，以消除貉的恐惧。

(5)异性刺激 准备配种后期把公貉笼和母貉笼交叉摆开，使异性貉隔网相望，延长公、母貉接触时间，以刺激其性腺发育。

(6)注意卫生 有些貉在小室内排便，要经常清理，以防貉毛绒缠结及受潮发病。

(7)发情检查 1 月下旬进行第一次发情检查。检查后要做好记录。公貉发情早于母貉，进入发情期的公貉表现出活泼好动，采食量有所下降，排尿次数增多，趋向异性，对母貉较为亲近，时常扒笼观望邻笼的母貉，并发出“咕—咕”的叫声，有急躁表现。可抓住公貉尾部将公貉倒提，以检查公貉睾丸发育情况。发育正常的公貉阴囊下垂，阴囊上的被毛稀疏。触摸睾丸时，睾丸松软而富有弹性，呈卵圆形，直径可达 25～30 mm。睾丸发育不良的公貉不能参加配种。

(8)疫苗接种 各地养貉场对貉群的免疫接种程序不同。一般每年 12 月末至翌年 1 月上旬，必须完成对种貉的主要传染病疫苗的接种工作。6 月中旬要对新生幼貉和种貉再次接种，这样才能避免恶性传染病的发生。幼貉应在分窝后 3 周时注射疫苗，切不可断乳后就注射，因为此时幼貉体内尚存在母源抗体，会中和体外注射的抗原(疫苗)，而导致免疫的失败。

(9)做好配种前的准备工作 配种开始前就要做好人员安排和培训，制订出选配方案，落实生产指标等项工作。配种期的用品要事先备好，如记录卡片、抓貉钳、手套、显微镜等。

二、配种期的饲养管理

貉的配种期从 2 月初开始，其配种期拖得时间较长，个体间差异较大，一般为 2～3 个月。由于貉是一年一次发情配种的动物，此期的中心任务是保证所有母貉全部发情并受配、怀胎。重点是对公貉的饲养、管理和利用。公貉在配种期内有时 1 d 要交配 1～2 次，在整个配种期内至少要完成 3～4 只母貉，共进行 10 次左右的配种任务，需要排出大量的精液。此时，公、母貉营养消耗是比较大的，特别是公貉，由于性欲冲动和神经兴奋，食欲下降，个别的也有废食的表现，这一生理特点是采取相应的饲养管理措施的重要依据。

1. 饲养要点

貉的配种期饲料的品质要新鲜并尽可能多样化，日粮的适口性要强，而且要易于消化。此期日粮标准为 1 650～2 090 kJ，日粮中动物性饲料占 30%～35%，使日粮中含有足够量的蛋白质(45～55 g 以上)，并要适量补喂维生素 E 或麦芽、酵母、维生素 A、维生素 B_1 等。配种期要日喂量 500～600 g，日喂 2 次，早晨饲喂日粮的 40%，晚饲喂日粮的 60%。公貉中午增补一些营养丰富的饲料，如牛乳、肉、鱼、蛋类等。喂饲时间要与放对时间配合好，喂食前后 30 min 不能放对。

2. 管理要点

(1)检查发情和正确配种　饲养者应制订科学合理的配种计划，要检查全群种貉系谱和历年发情受配情况，本着防止近亲交配的原则，合理选配。选择配对时公貉的毛绒品质一定要优于母貉，公、母貉毛色应尽量一致；公、母貉在体形上应以大配大，或大公配中母，中公配小母为原则。切忌采用同一性状相反缺陷的公、母貉配对。由于貉只有一个发情期，要掌握好貉的最适当交配期。配种期公貉始终处于发情状态，母貉排卵时间发生于发情后的第3天。母貉发情鉴定较为复杂，要根据母貉行为表现、外生殖器官变化和放对试情三方面综合鉴定准确进行发情鉴定，适时配种放对。抓紧在母貉排卵期前后放对交配3次以上，防止空怀，提高胎产仔数。对交配时不会抬尾的母貉，可用细绳将尾尖扎紧，然后将细绳绕过母貉的脖子再与扎在尾尖的绳头系好，使母貉的尾歪吊在身体一侧，以便公母貉达成交配。对个别特难配的母貉，必要时可采取强制交配。对于已配种的母貉应做好配种记录，并把结束配种的母貉归入妊娠貉群饲养。

(2)仔细观察　此期要经常观察貉群的食欲、粪便、精神、活动等情况，做到心中有数。由于性欲冲动，貉的食欲较差，特别是公貉食欲下降更为明显，因此要正确区分发情貉与病貉，以利于及时治疗病貉，使病貉早日恢复健康并参加配种。放对后要注意观察公母貉的行为，防止咬伤，若发现公母互相有恶意，要及时把它们分开。

(3)保证环境安静　貉胆小易惊，在配种期，首先要保证貉场安静，谢绝参观。对貉群要特别关注，严禁采用强硬手段或粗暴态度。

(4)防止跑貉　此期由于抓貉频繁，操作时应耐心仔细，要经常检查和维修笼舍，防止跑貉，以免抓捕、追貉时造成对整个貉群的惊扰。

(5)保证供水　配种期貉的运动量大，要保障饮水，一般每日2次，每抓貉1次还要临时补水。

三、妊娠期的饲养管理

配种结束后母貉处于妊娠期，母貉妊娠期58 d。此期母貉的生理特点是胎儿发育，乳腺发育。妊娠是决定生产成败的关键时期，饲养管理的中心任务是做好保胎工作，保证胎儿的正常生长发育。貉妊娠期机体会发生复杂的生理变化，在这个时期，母貉既要保持自身的新陈代谢,又要满足胎儿生长发育的营养需要,为产仔泌乳做好准备。这就要求所提供的饲料应营养全价,品种稳定,品质新鲜,适口性强,易消化。

1. 妊娠期的饲养

由于妊娠期饲养的好坏不仅关系到空怀率和产仔的多少,而且关系到仔貉出生后的健康,对此必须给予足够的重视,在日粮的配备上必须要做到供给易消化、多样化、适口性强、品质新鲜、营养全价的饲料,同时要保持饲料相对的稳定,不能突然改变。妊娠期要满足貉蛋白质需要,可消化蛋白质(60～70 g)及维生素(维生素A、维生素E)不足会造成胎儿吸收。缺乏B族维生素会延长妊娠期。缺乏维生素C时,新生仔貉患红爪病。在妊娠期母貉应补给硫酸亚铁,可预防初生仔貉缺铁症。在饲料中补充钴、锰、锌,能降低仔貉的死亡率。

妊娠母貉对日粮中的能量要求相对较高,妊娠后期饲料中蛋白质水平应适当提高,以满足胎儿迅速发育的需要。妊娠前期日粮标准为1 883～2 301 kJ,中期2 510～2 720 kJ,后期2 929～3 347 kJ。初产母貉由于身体还处于生长发育阶段,能量水平要比经产貉高一些。貉在产前一段时间食量减少,要适当减少饲料的供应。母貉的饲喂量要适度,可随妊娠天数的增加而递增,并根据个体情况(体况、食欲等)不同而灵活掌握,区别对待,日喂2～3次。妊娠前期早上喂饲料量的40%,晚上喂饲料量的60%;后期早,晚各喂饲料的1/2或早、午、晚各喂饲料量的1/3。妊娠后的前10～15 d,饲喂量日粮量可保持配种期的水平。从妊娠10～15 d起,日粮量要逐渐提高。妊娠后期可用牛乳或豆汁代替水调节混合饲料的干稀度,每日每只需牛乳或豆汁50～100 g,补饲喂1/3匙熟豆油,以便满足泌乳期的营养需要和提高泌乳量。妊娠期天气逐渐转暖,饲料不易储存,要求饲料品质新鲜;并保持饲料的相对稳定。妊娠母貉的饲料质量较差时,会导致流产或烂胎。

此外，母貉妊娠期需水量大增，每天饮水不能少于3次，同时要保证饮水的清洁卫生。

2. 母貉妊娠期的管理

(1)合理分群管理　为方便管理，对受配后的母貉按配种时间早晚，依次排放在养貉场安静的位置，分群管理，确保继续放对配种工作不影响妊娠母貉。

(2)创造安静舒适的环境　貉在妊娠末期和产仔泌乳初期，对外界反应尤为敏感。来自饲养管理人员的大声喧哗、粗暴操作、快速走动、清理粪便、安装产箱、机器转动的马达声、鞭炮锣鼓声等噪声、外来人员、饲养管理人员的更换、饲养人员衣着的改变、急促的开箱查仔等，都会导致母貉惊恐不安，造成空怀、流产、早产或难产。为保证胎儿的正常发育，应保持貉群的寂静，严防奇声怪响的突然刺激，谢绝参观。一般不要捕捉，饲喂操作要小心，对貉不要粗暴。

(3)搞好笼舍卫生　母貉妊娠期正是万物复苏的春季，也是致病菌大量繁殖、疾病开始流行的时期。因此，要搞好笼舍卫生，每天洗刷饮具、食具，每周消毒1次或2次。同时要保持小窝里经常有清洁、干燥和充足的垫草，同时要做好小室的保温工作以防寒流侵袭引起感冒。饲养人员要经常观察貉的食欲、粪便和活动情况。若发现貉异常，要立即查找原因，采取相应的措施。

(4)防流产　要勤检查笼舍，防止跑貉。一旦跑貉，不要猛追猛捉，以防机械性损伤而造成流产。发现母貉有流产症状时，每只貉每次可肌内注射黄体酮15～20 mg，维生素E 15 mg，以利保胎。个别母貉在妊娠初期有的会出现妊娠反应，表现吃食少或拒食。对此，可喂给脂肪含量较低的饲料，补饮5%～10%的葡萄糖水或喂饲适口的青绿多汁饲料，一般数日后就会恢复正常。对患有肠炎或食欲不振的母貉，要及时调整饲料，使之尽快恢复。

(5)注意驯化　为使母貉习惯与人接触，产仔时见人不致因惊恐而导致叼仔、食仔，从妊娠中期开始饲养人员要多进貉场。

(6)做好产前准备 预产期前2周做好产仔箱的清理,消毒及垫草保温工作。产仔箱可用2%热碱水洗刷,也可用喷灯火焰灭菌。然后垫以柔软不易碎断的乌拉草、稻草等。经过4～5 d的时间让母貉把垫草压平。到临产前1 d,再检查、平整一次垫草,并喷洒消毒药。絮窝时应一次絮足,防止母貉产后因缺草临时补加而受惊。母貉产仔时有扒草的习性,垫草过厚容易把仔貉埋在草中压死,要注意垫草不能过厚,对没有护理仔貉经验的初产母貉尤其要注意。貉产仔时天气仍然较冷,产箱可用塑料布、棉门帘覆盖,以利保温。一般将受配母貉的预产期记录在产仔箱上,以便做好母貉临产前的准备工作。

四、产仔泌乳期的饲养管理

产仔泌乳期是从母貉产仔开始直到仔貉离乳分窝为止,7～8周时间,全群持续2～3个月。此期母貉的生理变化较大,体质消耗较多。此期的中心任务是确保仔貉成活和正常的生长发育。

1. 饲养要点

如果要想使仔貉发育很好,对母貉的饲养就要提供足够的各种营养物质,使母貉分泌足够的乳汁,保证仔貉吃好乳。此期日粮配合与饲喂方法基本和妊娠期相同。但为促进泌乳,日粮中要适当补充牛奶、羊奶、奶粉等乳类饲料。无乳类饲料时,可用豆浆代替。此期饲料确保新鲜,数量要足,其中动物性饲料占日粮总重量的35%～49%,乳类饲料占5%,谷物类占50%,食盐0.3 g/只,维生素A-维生素D 1 000 IU。饲料调制要细,浓度应稀些。饲喂量视同窝仔貉的多少和日龄的大小,区别给食,以不剩食为准。日喂2～3次。仔貉的饲料可与母貉日粮一起投给,也可单独计算补给。每日每只1周龄仔貉补给17～20 g,2周龄补给35～40 g,3周龄50～80 g,4周龄90～100 g,5周龄120～140 g,6周龄150 g,7周龄200 g,8周龄250 g。此期应特别注意发霉腐败的饲料绝不能喂母貉,否则将引起母貉和仔貉的胃肠疾病。母貉产仔时体能消耗很大,产奶又需要大量的水,因此,产仔泌乳期必须供给貉充足、清洁的饮水。同时,由于天气渐热,渴感增强,饮水有防暑降温的作用。

2. 管理要点

(1)保持养貉场的安静　母貉在产仔哺乳早期神经系统高度兴奋,对周围环境的声音极为敏感。外界环境的不安,如噪声、异物等惊吓,都会引起母貉弃仔、咬仔、吃仔,当消除干扰源,无异声、异物后,母貉逐渐恢复正常。对个别仍持续惊恐不安、弃仔不护的母貉,可以把母仔分开,进行代养。为了保持安静,饲养人员不宜穿艳丽的衣服,晚上值班人员动作要轻,禁止用手电筒乱晃乱照。

(2)加强母貉的护理和检查　母貉在产仔前自行拔掉乳头周围的毛。若拔得很少,可人工辅助拔毛。母貉在产仔前出现厌食或拒食现象是正常的,不要随便投药。产仔期要保持日夜有清洁的饮水。哺乳后期,由于仔貉吮乳量加大,母貉泌乳量日渐下降,仔貉因争夺吮吸乳汁,很容易咬伤母貉乳头,因而导致母貉乳腺疾病的发生。这时,饲养人员必须随时注意观察。患乳腺炎的母貉,一般表现不安,在笼内跑动,常避离仔貉吮乳,不予护理仔貉。而仔貉则不停地发出饥饿的叫声。抓出母貉检查,可见乳头红肿,有伤痕,或有肿块,严重的化脓溃烂。发现这种情况,应将母仔分开,仔貉可并到其他窝内代养或人工哺乳。发生乳腺炎的母貉应给予及时治疗,并在年末淘汰取皮。

(3)产后检查　通常情况下产后母貉食欲一天比一天好。乳头红润,饱满,活动正常,多数时间守在产仔箱内。初生的仔貉很少嘶叫,仔貉的叫声是"吱—吱"。如果叫声嘶哑拉长,叫个不停又逐渐变弱,母貉在笼中来回走动而不护理仔貉,需立即检查。若发现母貉缺乳,仔貉挨饿,同窝仔貉数太多(12 头以上)或仔貉发育大小不均,可找"奶娘"代养或人工哺乳。但代养前一定保证仔貉先吃上初乳。

(4)救护弱仔　造成弱仔的原因主要是营养不良而缺乳，胎儿发育受阻，近亲繁殖遗传等因素。解决办法是饲喂全价的营养丰富的日粮的同时，每只母貉每次可喂 4～5 片催乳片，连用 3～5 次达到催乳目的。另外对仔貉补喂含维生素 C 的葡萄糖的溶液，每天 2～3 次，每次喂数滴，连喂 3～4 d 或找母貉代养以保成活。

(5)防止母貉叼仔　母貉叼仔，多在产后 3～7 d 出现。其原因多数是由于养貉场不安静，噪声或特殊响动、异味、环境改变等突然刺激，使刚产仔不久的母貉受到突然的惊吓，引起其精神狂躁，叼仔貉。如果是因为环境不安静引起的叼仔，等环境安静下来后，母貉就不叼仔了。如果环境安静下来还不能使母兽停止叼仔，可将母貉关在产箱中 20～ 30 min，使其在黑暗的环境中尽快安静下来。如果母貉仍不能安静下来，可将母仔分离 1～ 2 h，这段时间母貉叼不到仔貉，慢慢地也会平静下来。对这些措施均不见效的母貉，可以饲喂或肌内注射镇静剂，一般连续给药 2～ 3 d 即可见效。等母貉安静下来后，再将仔貉送回产箱中让母貉哺乳。对母貉叼仔最好采取预防措施，加强母貉对环境适应性驯化，如在妊娠期经常放录音，使母貉适应各种声响，以减少产后因突然刺激而引起的惊恐症。在没有任何致惊因素的干扰而食仔的母貉，其为食仔恶癖，选种时应将其淘汰。

(6)重视卫生防疫　母貉产仔泌乳期正值春雨季节，阴雨天多，空气湿度大。加之产仔母貉体质较弱。因此，必须重视卫生防疫工作。饲养人员对食具、饮具每天都要清洗，每周要消毒 2 次，对笼舍内外的粪便要随时清理。

五、恢复期的饲养管理

公貉配种结束(4 月份)至性器官再度发育，母貉从仔貉断乳分窝之后直到 9 月份这段时间为恢复期。公貉配种结束后，母貉即进入妊娠期，生产者往往把主要精力都放在对妊娠母貉的饲养管理上，当仔貉断乳分窝后，又把工作的重点转移到了对育成貉的饲养管理上，因而忽视恢复期种貉的饲养管理。实践证明，做好恢复期的饲养管理工作，对翌年的生产有非常重要的意义。生产效果好的养貉场，其经产母貉应占繁殖母貉群数的60%～70%，如果这部分母貉繁殖失败，翌年的生产将受到严重损失。因此，此期的饲养管理应引起重视。恢复期公、母貉经过繁殖期的营养消耗，体况较瘦，食欲较差，采食量少，体重处于全群最低水平（特别是母貉，哺乳后期体重下降20%～30%）。此期的另一个生理特点是种貉开始脱掉冬毛，换成稀疏暗淡的夏毛。恢复期饲养的中心任务是提高营养，增加肥度，恢复繁殖期的营养消耗，给越冬及冬毛生长储备营养，并为下年繁殖打下基础。

1. 饲养要点

貉在配种结束后20 d内，母貉在断乳后20 d内，分别给予配种期和产仔泌乳期的标准日粮，以后再喂给正常恢复期日粮，也可以喂给幼貉相同的标准日粮，但食量少于幼龄貉。8～9月份，日粮量应逐渐增加，使之储备营养，以利于过冬。恢复期日粮中动物性饲料不能低于20%，谷物饲料尽可能多样化，适口性要强，占日粮的55%～65%，蔬菜15%，骨粉每日每只5 g，食盐2.5 g，热量1 883～2 718 kJ。天气炎热时要保证饮水供给。

2. 管理要点

（1）防暑降温　炎热的季节，注意笼舍的遮阴和通风，保证充足的饮水，预防中暑。

（2）加强防疫　做好疫病的防治工作，食具、饮水要讲究卫生，小室内，粪便及残食要随时清理，以防剩食放置时间长而腐败。

（3）预防无意识的延长光照或缩短光照　养貉场严禁随意开灯或遮光，以避免因光周期的改变而影响貉的正常发情。

（4）搞好梳毛工作　当毛绒生长或成熟季节，如发现毛绒有缠结现象，应及时梳理，以其减少毛绒粘连而影响毛皮的质量。

第四节　仔(幼)貉的饲养管理

一、仔(幼)貉的生长发育特点

从出生到断乳这一时期的小貉称为仔貉。仔貉出生前在母体子宫内发育,营养由母体直接供给,温度恒定,出生后的仔貉环境发生了急剧的变化,此时的仔貉机体生长发育尚未完全,缺乏对外界环境温度变化的调节能力,视觉和听觉发育不完善,适应性差,抵抗力弱。而此阶段的生长发育又很快,仔貉出生时 8～12 cm,体重 100～120 g。60 日龄断乳时体重可增加 10～12 倍,体长是出生时的 3～4 倍。仔貉断乳到性成熟前称为幼貉,幼貉育成期是指仔貉断乳到性成熟的一段时间,一般为 6 月下旬至 10 月底或 11 月初。仔幼貉生长发育有一定的规律性,体重和体长的增长是同步的,在 90～120 日龄前生长发育速度最快,120～150 日龄后生长速度降低,生长发育较迟缓,150～180 日龄生长基本结束,已达体成熟。

二、仔貉哺乳期的饲养管理

1. 及早吃乳

初生仔貉体内不能产生抗体,而产后 3 d 内母貉分泌的初乳中含有丰富的抗体,初生仔貉若得不到此抗体很难成活。及时吃到初乳是仔貉获得后天免疫的关键,对于抗病机制尚不完善的初生仔貉有着重要意义。因此,初生仔貉要在产出后 24 h 内尽快吃上初乳。产仔检查发现,对不能主动吃乳的仔貉应及时查明原因,采取措施,必要时可挤出初乳喂初生仔貉。如果母貉在产后无乳或乳汁不够,或产后死亡,对其仔貉要施行寄养。仔貉出生后,因母貉患病、死亡或缺乳,而又无法寄养时,可采用人工哺乳的办法。

人工哺乳的器具可用注射器、玻璃滴管或塑料眼药水瓶，在其嘴上接上一段细橡皮管（自行车气门芯）即成。喂饲以前要将牛奶等煮沸消毒，冷却到37～39℃时喂给。饲喂时要仔细，不要滴入太急，以免误入气管引起呛咳或窒息死亡，也不要喂得过多，以吃饱为限。如果母貉产仔数很多，而当时又没有合适的保姆貉寄养，应果断采取抛弃部分仔貉的方法。有些人认为这种做法太可惜，舍不得扔掉活生生的仔貉，将仔貉全部保留，其结果事与愿违。

2. 做好补料工作

仔貉生长发育速度快，物质代谢旺盛，对营养物质的需要不论是数量和质量都要求很高，对食物中的营养不全价反应敏感。随着仔貉胃、肠等消化器官和消化腺的不断发育，功能的不断完善，逐渐过渡到可消化其他动物性饲料和植物性饲料。母貉泌乳量产后随着仔貉需要量逐渐增高，通常产后21 d左右达到高峰，以后逐渐减少，大多数母貉产后15 d后，母乳就不能满足仔貉的需要了。饲养人员这时就要训练仔貉补饲。补料方法要灵活，饲料品质要优良，数量要适宜，因势利导，逐步过渡，切忌急于求成。在到40～60日龄，母貉泌乳基本停止，同时母貉也开始躲避仔貉的接近，不让仔貉吸乳，甚至对吸乳的仔貉进行威胁和咬它们。这证明断乳期已经到来，即应逐渐减少仔貉与母貉的接触时间。

3. 注意保暖

初生仔貉，体温调节中枢尚未发育完全，皮肤调温机能也差，而外界温度又比母体内低很多，若不做好保温极易受凉、感冒或冻死，特别是在早春更应注意保温。初生仔貉对环境温度要求是：第1周为29～32℃，第2周为26～29℃，第3周为23～26℃，第4周为23℃。

4. 防踩防压

初生仔貉，又小又弱，行动不灵活。母貉在分娩后十分疲劳，感觉迟钝，反应性降低，母貉极易不自主地压住仔貉，以致仔貉窒息死亡。产箱空间狭小以及母貉受到异常惊扰,很易踩伤仔貉。

5. 搞好卫生,预防疾病

产仔箱要定期检查,发现潮湿或母貉在箱内排粪,要及时清除,防止仔貉误食母貉粪便而染病。仔貉开食后,粪尿增多,更要注意保持产箱的清洁卫生。仔貉在哺乳期常发大肠杆菌病。大肠杆菌病主要是由于笼舍和产箱卫生不良,母貉乳头沾上致病性大肠杆菌,当仔貉吮乳时吃到胃肠内,由于仔貉抗病力低,很容易发病死亡。所以搞好卫生是预防仔貉大肠杆菌病的重要措施。同时要经常检查仔貉的排泄情况,如发现仔貉精神不振、粪便异常,要立即采取防治措施。

6. 掌握仔貉的发育情况

细致观察和全面掌握仔貉的发育情况,注意哺乳和补饲的质量、方式和次数等对仔貉的影响,发现问题后,及时纠正。

7. 做好断乳前的准备

正常情况下,仔貉生长发育到50～55日龄可断乳分窝。分窝初期仔貉全部原窝不动,把母貉分离,仔貉在原窝适应1周;然后每个笼箱养2～4只,待长到3月龄时,就应分开,1笼养1只。为做好分窝工作,在哺乳期就应组织力量制作或维修好分窝时用的笼箱,并要对笼箱进行一次灭菌消毒。

三、幼貉育成期的饲养管理

幼貉是指仔貉从断乳分窝到体成熟的一段时间,一般是6～10月份。这段时间饲养管理的任务:在数量上要保证成活率,尽量保持分窝时的只数,在质量上要达到遗传性所规定的体型和毛皮质量,从而获得皮张幅度大和质量好的毛皮和培育成优良的种用幼貉。

1. 饲养要点

断乳后前2个月(60～120日龄)是决定其体型大小的关键时

期，是骨骼和肌肉生长最迅速阶段。育成期能量供给不足时，会引起幼貉生长迟缓或停止，严重缺乏将导致消瘦，毛色暗淡、无光泽。日粮能量水平育成前期应达到 17.57 MJ/kg，育成后期应达到 17.15 MJ/kg。育成期幼貉，为了获得最大的氮储存量，必须提供充足的动物性蛋白质。在幼貉生长旺期，日粮中蛋白质的供给应保持在 50～55 g/(只·d)，以后随着生长发育速度的减慢，逐渐降低，但不能低于 30～40 g(只·d)。育成貉的日粮中肉、鱼等动物性饲料应占 30%，谷物性饲料占 60%，蔬菜占 10%，骨粉每日每只幼貉 10 g。如果动物性蛋白质太低时，幼貉虽然体重增长正常，但体长增长速度减慢。除供给优质、全价及能量高的饲料，还要注意钙、磷、维生素和脂肪饲料的补充。育成幼貉易出现黄脂肪病，应确保饲料中的脂肪要新鲜，脂肪被氧化后会降低必需脂肪酸的营养利用。若发现饲料中的脂肪被氧化，或幼貉发生黄脂肪病时，应停喂脂肪氧化酸败的饲料，或增加日粮中维生素 E 的供应量。幼貉育成前期日喂 3～4 次，后期日喂 2～3 次。日喂 3 次时，早晨喂饲料量的 30%，午间喂饲料量的 20%，晚上喂饲料量的 50%。喂量以不剩食为准。此外，刚分窝的幼貉消化系统不健全，为此可在日粮中添加助消化的药物，如胃蛋白酶和酵母片等。饲料质量要好一些，绞制要细，饲料浓度调制要稀些。

2. 断乳分窝

仔貉分窝前，要备齐笼舍，全面进行检查和消毒。大量的实验表明，仔貉在 55～60 日龄前后断乳较为科学。断乳有一次性断乳、分批断乳和逐渐断乳 3 种方法。

(1)一次断乳法　也称果断断乳法，适用于全窝仔貉发育健壮，个头大小均匀，母貉泌乳量已显著减少，未患乳腺炎危险的母貉。当仔貉达到预定断乳日期时，即将母貉隔离，仔貉留原笼舍饲养。一次断乳法简便，但母、仔均感不安，仔貉可能因食物和环境突变引起消化不良，泌乳旺盛的母貉可能因控制不好易发生乳腺炎。

(2)分批断乳法 适用于泌乳旺盛的母貉。预定断乳前1周，先将准备皮用的，体格较大的仔貉隔离出去，让准备留作种用和发育较差的仔貉继续哺乳，到预定断乳期时再把母貉隔离。分批断乳做到了区别对待仔貉，逐渐断乳使母、仔都有一段适应过程。但由于断乳时间延长，会给管理上带来麻烦。如果同窝仔貉生长发育不均，大小不一致时，也可采取分批断乳法。

(3)逐渐断乳法 适用于泌乳旺盛的母貉。在断乳前4～6 d起控制哺乳次数。第1天哺乳4～5次，以后逐渐减少哺乳次数。这样使母、仔有一个适应过程，最后到预定断乳日期再把母貉隔离出去。具体采取哪种方法断乳，各个场可根据本场的实际情况决定。

3. 做到"两维持"和"三过渡"

仔貉断乳后，在1～3周内，通常由于生活条件突然改变而烦躁不安，食欲不振，增重缓慢，甚至体重减轻或发生疾病。这在哺乳期开食晚、吃补饲料较少的仔貉表现得尤为明显。为了过好断乳关，要做到饲料、饲养制度以及环境的"两维持"和"三过渡"。即维持在原笼舍培育并维持原来的饲料，做到饲料、饲养制度和环境条件的逐渐过渡。断乳幼貉饲料的营养水平、饲料配合、调制和饲喂方法，都应与断乳前相同，继续饲喂1～2周，再逐渐改喂育成貉饲粮，使仔貉有个适应过程。断乳后的仔貉由母乳加饲料改为独立吃饲料生活，有些幼貉胃肠不适应，很容易消化不良。所以，对断乳仔貉要精心饲养。断乳前1 d仔貉采食少，但第2天又会猛吃饲料，很容易发生消化不良。因此，断乳后前4～5 d要适当控制仔貉的采食量，防止消化不良而下痢。断乳仔貉一昼夜宜喂4～6次，以后逐渐减少饲喂次数。断乳仔貉的料型也要与哺乳期保持一致，并设水槽，保证饮水充足清洁。为了减轻仔貉断乳后因失去母貉而引起的不安，最好采取不调离原笼舍，不分群，而仅将母貉隔离的办法。如需调离原笼舍分群，应在断乳半个月后幼貉食欲及粪便正常的情况下进行。开始时 2 只或多只笼养在一起，体重达到 2 500 g 时再单独饲养。

4. 幼貉驯化

幼貉具有可塑性强的特点，是加强驯化的有利时期，对幼貉驯化要坚持从小开始，循序渐进的原则。可采取食物引诱、经常接近或爱抚等方法进行驯化，一般都可以收到显著的驯化效果。貉具有定点排粪的习性，应利用这一习性，训练幼貉到笼内指定角落处大小便，为幼貉提供一个良好的生活环境。驯化程度好的种貉，发情、配种、产仔因不怕人而顺利进行，对提高繁殖力很有好处。

5. 保持饮食卫生与注意防暑降温

断乳后的仔貉进入育成期的饲养管理正是 7～8 月份，天气炎热，适于各种病菌繁殖，所以要搞好笼舍、小室、饮食工具的卫生，每天要把小室内的剩食、粪便清扫干净。天气炎热，易引起貉中暑，所以应采取如下措施：保证充足饮水，增加貉的饮水次数；洒水降温；笼舍要避光或设遮阳棚，不让貉在直射日光下睡觉；将笼中小室盖打开通风。

6. 消灭苍蝇、蚊子

苍蝇和蚊子是传染疾病的罪魁祸首，很多传染病是苍蝇、蚊子传播的。比如，细小病毒肠炎、附红细胞体、痢疾、肝炎等。消灭苍蝇、蚊子的方法可用毒饵、扑蝇器、喷洒杀虫剂等方法。

7. 选种、分群

在断乳分窝时，根据母貉的产仔数和哺乳期间仔貉的生长发育情况，初步选留经产母貉和幼种貉。9～10 月份后，幼貉体形已接近成貉大小，可进行复选。从幼貉中精选种貉，以补充淘汰的成种貉和扩大种貉数量。原则上要挑选早产(4 月 20 日前出生)、繁殖力高(产 10 只以上)、毛色符合标准的后裔做预备种貉。挑选出来的预备种貉要单独组群，单独饲喂。选种后，种用幼貉与皮用幼貉分群饲养。种用幼貉的饲养管理与准备配种期成貉相同。皮用幼貉的饲养要点主要是保证正常生命活动及毛绒生长成熟的营养需要。其饲养标准可稍低于种用貉,皮用兽的小室要垫草以利梳毛,搞好卫生以防毛绒被污染及毛绒缠结。

8. 做好疾病防治工作

养貉两大怕,一怕不产仔,二怕小仔染上疾病,所以对于疾病,防重于治。仔貉断乳 14 d 左右,要进行防疫,注射疫苗,常注射的疫苗有:犬瘟热、脑炎、细小病毒肠炎。疫苗以注射单苗为好。留作种用的幼貉最好加强防疫,也就是打第 1 次疫苗后 7～10 d,再重复注射一次,以防止免疫失败。刚断乳的仔兽消化饲料的机能还不十分健全,对环境的适应能力不强,易患肠炎或患尿湿症。为防治黄脂肪病和胃肠炎,日粮中还要添加适量维生素 E 和土霉素。

第五节　皮用貉的饲养管理

一、皮用貉的饲养要点

皮用幼貉和淘汰的成貉,在毛皮成熟期都要进行屠宰取皮。皮用貉的饲养标准稍低于种用貉,配制皮用貉饲料时要注意以下几点。

①有研究表明,在不额外添加氨基酸的条件下,日粮蛋白质水平降到24.15%,基本不影响冬毛期貉的生产性能及毛皮性状,日粮蛋白水平降到22.03%时,对毛皮性状有一定程度的影响。如果蛋白质不足,会影响冬毛的生长,使毛绒长度不够,底绒空疏,严重降低毛皮质量。为了获得优质的商品毛皮,首先在日粮中要供给充足的可消化蛋白质,并多搭配富含硫氨基酸的蛋白质。

②皮用貉喂饲的碳水化合物饲料要高于种用貉,因为多余的碳水化合物可在体内转化成脂肪并在体内积存起来,这对提高皮张幅度很有利。

③日粮中还要含有一定数量脂肪的饲料,这样不但有利于节

省蛋白质饲料，而且皮用貉体内贮积一定数量的脂肪，可生产光泽好，皮张幅度大的商品貉皮。冬毛生长期的皮用貉可多利用一些含脂率高的廉价动物性饲料，如经过高温处理的痘猪肉等。如果日粮中缺少含脂肪高的饲料，可加一定数量新鲜的植物油或提炼的动物脂肪。

④矿物质含量过高，可使貉毛绒脆弱无弹性，日粮中矿物质含量不能过高。此外应注意添加维生素 B_2，当维生素 B_2 缺乏时，绒毛颜色变浅。

二、皮用貉的管理要点

皮用貉在管理上主要任务是提高毛皮质量。从 9 月份开始就应加强清扫笼内污物，不能有粪便等堆于笼内。皮用貉 10 月份就应在小室内铺垫草，以利疏毛。加强笼舍卫生，分食时注意不要使饲料玷污毛绒，以防发生缠结，尤其是圈养的皮貉更应注意到这点。为保护冬季毛皮不致被破旧笼舍内的铁丝、铁钉损伤，入冬前应全面维修一次笼舍。貉皮肤病严重危害其健康，直接影响貉皮的质量。日常应注意检查貉的毛被质量，加强貉皮肤病的防治工作。科学制订屠剥计划，并准备好取皮加工用的各种设备工具和用品。计划应包括屠宰头数、屠宰日期、操作规程、注意事项及人员安排等。取皮和貉皮的初加工是一项技术性很强的工作，要求操作人员掌握操作要领及注意事项。必要时，可将几只残次貉或个别成熟较早的貉用来进行实际操作训练。对关键环节要重点指导。

三、皮用貉的屠宰与貉皮初加工

1. 取皮时间的确定

貉皮一般在阴历小雪过后逐渐成熟，貉皮的毛皮成熟，与品种、毛色、光照、温度、营养、年龄等因素密切相关。日粮供给能够满足貉的营养需要时，能够顺利地完成换毛过程，反之，貉毛皮成熟时间要延迟。貉的屠宰取皮，主要取决于毛皮成熟程度。毛皮成熟与否，可通过皮的颜色来鉴定，其方法是：将毛绒分开去掉皮肤上的皮屑观察，当皮肤为蓝色，皮板为浅蓝，说明毛皮未成熟；当皮肤为浅蓝或玫瑰色时，皮板洁白是毛皮成熟的标志。从外观上看，全身毛锋长齐，尤其是背部、尾部和臀部，毛长绒厚，被毛丰满具有光泽，灵活、尾毛蓬松。貉来回走动时，毛绒出现明显的毛裂。最准确的方法是先试剥一两张看看皮板是否洁白无疑，完全洁白，说明毛皮完全成熟，可即刻屠宰取皮。

2. 取皮貉的处死

皮用貉的处死应采用安全、人道、环保的方法，保证其在不出现激动、惊吓、痛苦的情况下实施，应避免对其他动物的干扰，防止其他动物受到惊吓。并且毛皮质量不受损坏和污染，而且经济实用的原则，以电击法、心脏注空气法、药物处死法和窒息法较为实用。

(1)电击处死法　将连接 220 V 火线(正极)的电击器金属棒插入貉的肛门内，待貉前爪或吻唇着地时，接通电源，貉立即僵直，5～10 s 电击死亡。此法无污染，不损伤毛皮，方便快速。

(2)心脏注射空气法　一人用双手保定住貉，术者用左手握住貉胸腔心脏位置，右手拿注射器，在心脏跳动最明显处针刺心脏，如见貉心脏血液向针管内回流，即刻注入 10～20 mL 空气，貉因心脏瓣膜被损坏而迅速死亡。

(3)药物处死法　一般常用肌肉松弛剂司可林(氯化琥珀胆碱)处死，剂量为每千克体重 0.5～0.75 mg，皮下或肌内注射。注射后 3～5 min 死亡。死亡前动物无痛苦，不挣扎，因此，不损伤和污染毛皮。残存体内的药物无毒性，不影响尸体的利用。

(4)窒息法　在封闭的室箱内，用一氧化碳或类似气体(浓度至少达到体积比 1%)，使貉在缺氧条件下，快速昏睡后死亡。

3. 剥皮

处死后的尸体应置于洁净的盘中或木架上，切勿扔在地面上，以免污染毛皮；也不要将尸体堆积在一起，避免闷板脱毛。一般在处死貉后半小时，待血液凝固后再剥皮。过早剥皮，易出血污染毛皮；剥皮过晚，则因尸体冷凉剥皮十分困难。貉剥皮技术步骤可分为挑裆、剥皮、刮油和剪修及洗皮 4 个步骤。

(1)挑裆　挑裆前，先将锯末等揉擦在尸体上，进行适当搓拭，然后用毛刷轻轻梳刷，除掉锯末，清洗掉尸体上的粪土、泥沙、血污及其他一些脏污。洗净后将貉尸后腿提起，用剪刀从一侧后肢掌上部的肘关节，沿后腿内侧长短毛交界处向内侧挑开，挑至肛门前缘，横过肛门，再用同样方法挑开另一后肢，最后由肛门后缘沿尾中央挑至尾中下部，再将肛门周围连接的皮肤挑开。

(2)剥皮　用手先剥下两侧后肢和尾，皮板上要保留足垫和爪。尾骨全部抽出，并将尾皮沿腹面中线全部挑开。然后将后肢挂在固定的钩上，做筒状由后向前剥，剥到后腹部尿道口时，应用剪刀剪断其内外链接，保证皮板不受损伤。前肢也做筒状剥离，在腋部前肢内侧挑开 3～4 cm 的开口，以便翻出前肢的爪和足垫。当翻剥到头部时，必须按顺序将耳根，眼睑，嘴角、鼻皮割开，耳、眼睑、鼻和口唇都要完整无缺地保留在皮板上。

(3)刮油和剪修　剥下的鲜皮要及时进行刮油处理。刮油就是将皮张上的残肉、脂肪刮掉。剥下的皮张应立即刮油，若放置过久，脂肪干燥则不易刮净。如不能立即刮油时，应将皮张翻至毛朝外放置，或置于低温处保存。刮油时将头端固定在作业台上，皮毛朝里、皮筒油脂向外套在木楦上。然后用竹刀或电工刀将皮板上的脂肪、血及残肉等分段刮掉。刮油方向必须由后(臀)向前(头)刮，反方向刮时易损伤毛囊，并且大量脂肪堆积在臀部，油易污浸后裆毛绒，不易清除。刮时用力要均匀。用力过猛，易刮伤毛囊或毛皮，尤其是公貉皮的腹部尿道口处和母貉皮腹部乳头处皮板较薄，这些部位要小心刮。边缘、乳头周围、头部更要注意，处理这些部位的油脂、结缔组织，最好用剪刀剪掉。

(4)洗皮　有2种清洗毛皮的方法，小型养殖户用人工洗皮，大型养殖场采用洗皮机洗皮。人工洗皮主要是采用软木的锯末或者麦麸等清洗原料，用细筛筛过，取上面较粗部分，去掉细末。先用锯末搓洗皮板油脂面，吸附浮油及其他污物，待锯末油腻、变色后，用小棍敲掉，再换新的锯末搓洗，反复搓洗几遍使皮板干净。然后再用锯末或麦麸洗毛面将被毛上的油脂、血迹等脏物反复搓洗干净，直到被毛干净、蓬松，出现光泽时为止，然后抖掉毛皮上的锯末或麦麸。洗皮机采用转鼓洗皮。先将皮板朝外放进装有锯末(半湿状)的转鼓内，转几分钟后，将皮取出，翻转皮筒，使毛朝外再放入转鼓内洗毛被。为了脱掉毛被上的锯末，从转鼓中取出毛皮放入转笼中运转5～10 min，转鼓和转笼的速度一般为18～20 r/min，以甩掉毛被上的锯末。

4. 貉皮的初步加工

(1)上楦和干燥　貉剥完皮后，为了使商品毛皮规格化，并防止风干后收缩和褶皱变形，应对貉皮上楦板和风干。貉皮楦板规格是统一的，公母一致，一般用松木制成。楦板总长度150 cm，板厚2 cm，要求表面光滑，无棱、无刺。楦板顶端4 cm宽，底宽18.5 cm；从顶端居中两面各开1 cm宽的半槽，长30 cm；再距顶端28 cm处一直到120 cm处，再在两面各开2道透槽，槽宽1 cm，槽间距和槽到两边缘的距离分别为5.5 cm(图5-1)。貉皮需要两次上楦干燥。第1次上楦，毛皮朝里，皮板朝外套在楦板上，两手均匀地将皮筒向下拉直，为使皮型美观，长度伸展要适度，将皮板的各个部位摆正，尾部尽量拉宽，然后用图钉把各部位固定，使前肢自然下垂。在皮板干至6～7成时下楦，再将皮筒翻成毛向外，再上楦板干燥。上好楦板后，送入干燥室内，放在干燥架上，室内温度20～25℃，并要通风，待皮板干至9成时下楦。皮张头向上，用绳拴住鼻孔，挂在室内铁丝上，在10～15℃的室温中继续通风晾干，以防闷板。也可将楦板放在室外自然风干。皮板晾干后，再用锯末或麦麸搓洗被毛，把没有洗掉的油污和灰彻底去掉，梳理缠结毛，抖净锯末，进行保管或出售。

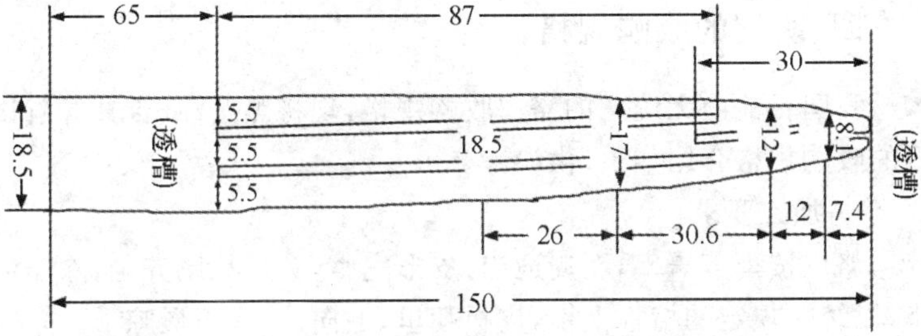

图 5-1 貉皮楦板(单位:cm)

(2)整理和包装 在风干后还要对十燥的毛皮要进行整理和包装。即再用锯末清洗一次，先逆毛搓洗，再顺毛洗，遇上缠结毛或大的油污，要反复洗，并用排针做的梳子梳开，用新鲜锯末反复多次搓洗，最后脱掉锯末即可达到毛被蓬松，光亮，灵活的效果。整理好的毛皮，可根据国家规定的标准进行初步验等级，一般以10～15 张皮打成 1 捆。打包时将貉皮以腹对腹、背对背叠放，用纸条将头部、腰部、尾部缠好，并用绳捆缚好，然后装入长度适宜的包装纸包装。装箱后要表明等级、尺码和张数。尽可能提早出售，以减少损失。

(3)储存保管 毛皮储存最适条件指标为：温度 10～15℃，绝对不可超过 25℃，相对湿度 40％～50％，绝对不能超过 60％。入库前要保证原料皮已经干燥，含水量 12％～20％。对加工粗糙，破损严重的应检出，另行处理。严禁生虫的原料皮入库。库房应清洁、干燥。如要长期存放，库房要通风、隔热、防潮，又要防虫蛀、鼠咬、灰尘污染。貉皮存放在木箱内或木架上，也可成排地悬挂在库房内铁丝上，用布盖住，在毛皮上要撒些精萘粉；在地面上要撒些精萘粉或其他的防虫剂，放上防鼠药物。貉皮不宜久存，过夏难以保管，最好及时出售。需要长期保存的貉皮，最好存放在恒温库内。对存放的貉皮，要经常检查，发现问题，及时处理。

四、貉皮的收购规格

我国目前尚无统一的貉皮收购规格，现将黑龙江、吉林等省试行的收购规格介绍如下，供参考。

1. 加工要求

貉皮按季节屠宰，剥皮适当，皮形完整，头、腿、尾齐全，除净油脂，以统一规定的楦板上楦，皮板朝里，毛向外，呈筒形晾干。

2. 等级规格

(1)一级　毛绒丰足，针毛齐全，色泽光润，板质良好；可带刀伤或破洞两处，其总面积不超过 11 cm^2，或破口长不超过 6 cm。

(2)二级　毛绒略空疏或略短薄，可带一级皮伤残，具有一级皮毛质、板质，可带刀伤或破洞 3 处，其总面积不超过 16.7 cm^2，或破口长度不超过 9 cm，或臀部针毛峰受摩擦，两肋针毛尖略受摩擦。

(3)三级　毛绒空疏而短薄，可具一级、二级皮毛质、板质，可带刀伤，破洞总面积不超过 45 cm^2，臀部针毛摩擦较严重，两肋针毛擦伤较重，腹部无毛，刺脖较重。

(4)等外皮　加工不符合统下规定的楦板板形或不符合等内要求的貉皮为等外皮。

3. 等级比差

一级皮 100%，二级皮 80%，三级皮 60%，等外皮按实际使用价值分为 40%、20%、5%计价，低于 5%使用价值的不收。

4. 长度规定

貉皮长度为从鼻尖至尾根的长度。等内皮分为 0～6 号，其具体长度比差如下。

0 号　99 cm 以上为 130%

1 号　90～99 cm 为 120％
2 号　81～90 cm 为 110％
3 号　72～81 cm 为 100％
4 号　63～72 cm 为 85％
5 号　57～63 cm 为 70％
6 号　57 cm 以下为 55％

第六章　貉疾病防治基础知识

第一节　貉的致病因素与疾病类型

一、貉的致病因素

貉在野外自然条件下，虽然环境条件恶劣，经常处于日晒雨淋、阴暗潮湿的环境中，但很少生病。这是因为貉有一系列抵御疾病的机制，其机体内具有免疫系统，能杀灭进入体内的各类病菌。但是，貉的抗病能力是有限度的，当环境条件恶化导致机体衰弱、受伤、抗病力减弱时，貉就可能感染各种疾病。诱发貉病发生的原因主要有两个方面：一是内因，即机体，主要表现在机体营养不良，抗病能力差，对环境适应能力不强；二是外因，即环境和病原体。环境较差，病原体滋生，在机体抵抗能力比较差的情况下病原体会侵入机体内，诱发疾病。因此，提高貉机体免疫力是疾病防治的前提，改善环境、切断病原传播途径是疾病防治的基础。

1. 内因

内因即机体，貉的体重、体质、年龄都和疾病的发生密切相关，主要表现在机体营养不良，抗病能力差，对环境适应能力不强。一般刚出生的仔幼貉和老龄貉发病率较高，而青、壮年貉发病率较低。貉本身的生理遗传或代谢的缺陷，如遗传性肿瘤、不育基因的突变、内分泌失调等也会导致貉产生一系列的疾病。

2. 环境

貉一生中不仅有身体的生长发育、行为的改变,还有食性、生活环境的改变,这么多的环节难免会遇到不测。环境条件的不适宜或突然改变,如缺少食物而饥饿、高温酷暑、冰雪霜冻;或受到农药等化学物质的毒害都可使貉发生疾病。貉的生存环境温度较高时,比较适于各种病原体生长繁殖,因此,饲养场地的定期消毒、定期清理工作就显得非常重要,特别要保持貉的生活环境的清洁卫生,不受各种污染物的污染。在建场前要对周围环境进行调查,谨防工业粉尘、噪声、农药对动物的危害。

3. 病原体

病原体侵染可会导致貉患病,诱发貉发病的病原体主要有病毒、细菌、真菌和寄生虫等。貉病原性疾病有细菌病、真菌病和寄生虫病。吃带菌食物易感染细菌病、环境过湿易感染真菌病。环境阴湿、闷热、不卫生,寄生虫则易寄生于机体上,引起疾病。恶劣环境有利于病原体繁殖,不利于貉的生存而使貉机体抵抗力下降,这时更容易发病。具体地讲,养殖密度过大、环境恶劣或受污染、环境温度过高或过低、投喂不科学,貉抵抗力差时易发病。貉养殖时,饲料不卫生、发霉变质,水源未经消毒,带进病原体或使病原体大量繁殖,都可引发疾病。

二、貉的疾病类型

貉与其他动物一样,易受到各种致病因素作用而发生疾病。

1. 传染病

凡是由致病性细菌、病毒、霉形体、真菌等病原微生物侵袭貉机体引起的,具有一定的潜伏期和临诊表现,且具有传染性的疾病称为传染病。传染病的发生传播,必须具备三个相互连接的基本环节:传染源、传播途径和易感动物群。传染源、传播途径、易感动物群这三个环节只有同时存在并相互联系时,才会造成传染病的发生和蔓延，其中缺少一个环节，传染病都不能流行和传播。

（1）传染源 是指某种传染病的病原体在其中寄居、生长、繁殖，并能排出体外的动物机体。具体来说传染源就是受感染的动物，包括患病（传染病）动物和携带病原的动物。携带病原的动物排出病原体的数量一般不及患病动物，但因缺乏症状不易被发现，有时可成为十分重要的传染源，如果检疫不严，还可以随动物的运输散播到其他地区，造成新的疫病暴发或流行。

（2）传播途径 病原体由传染源排出后，经一定的方式再侵入其他易感动物所经的途径称为传播途径。直接接触传播是在没有任何外界因素的参与下，病原体通过被感染的动物（传染源）与易感动物直接接触（交配、咬斗等）而引起的传播方式。仅能以直接接触而传播的传染病，其流行特点是一个接一个地发生，形成明显的链锁状。必须在外界环境因素的参与下，病原体通过传播媒介使易感动物发生传染的方式，称为间接接触传播。间接传播主要有经空气（飞沫、飞沫核、尘埃）传播、污染的饲料和水传播、污染的土壤传播和活的媒介物传播。非本种动物和人类也可能作为传播媒介进行传播。从母体到其后代两代之间的传播称垂直传播。

（3）易感动物群 动物某一病原微生物没有免疫力（亦即没有抵抗力）称为有易感性。病原微生物只有侵入有易感性的机体才能引起感染过程。该地区动物群中易感个体所占的百分率和易感性的高低，直接影响到传染病是否能造成流行以及疫病的严重程度。

2. 寄生虫病

在两种生物之间，一种生物以另一种生物体为居住条件，夺取其营养，并造成其不同程度的危害的现象，称为“寄生生活”，过着这种寄生生活的动物，称为“寄生虫”。由寄生虫所引起的疾病，称为寄生虫病。貉的寄生虫病种类很多，分布很广，常以隐蔽的方式危害貉的健康，不仅影响幼貉的生长发育，降低生产性能和产品质量，而且还可造成大批貉死亡，给貉的养殖业带来严重危害。貉寄生虫病的传播和流行，必须具备传染源（包括患病动物、带虫者、保虫宿主、延续宿主等，在其体内有成虫、幼虫或虫卵，并要有一定的毒力和数量）、传播途径（经口感染、经皮肤感染和接触感染）和易感动物群三个方面的条件。寄生虫都在一定的外界环境中生存，各种环境因素必然对其产生不同的影响。有些环境条件可能适宜于某种寄生虫的生存，而另一些环境条件则可能抑制其生命活动，甚至能将其杀灭。外界环境条件及饲养管理情况，对貉的生理机能和抗病能力也有很大影响，如不合理的饲养，缺乏运动，笼舍通风换气不良，过于潮湿和拥挤，粪尿不经常清除，缺乏阳光照射等，都会降低貉的抵抗力，而有利于寄生虫的生存和传播。因此，加强饲养管理，改善环境卫生条件，对控制和消灭貉寄生虫病是十分必要的。

3. 营养代谢病

营养物质的绝对和相对缺乏或过多，以及貉机体受内外环境因素的影响，都可引起营养物质的平衡失调，出现新陈代谢和营养障碍，导致机体生长发育迟滞，生产力、繁殖能力和抗病能力降低，出现病理症状和病理变化，甚至危及生命。此类性质疾病统称营养代谢病。营养代谢病一般体温变化不大，除个别情况及有继发或并发病的病例外，这类疾病体温多在正常范围或偏低，患病动物之间不发生接触性传染，这是营养代谢性疾病与传染病的明显区别。营养代谢病发生缓慢，从病因作用到临床症状一般都需数周、数月，有的可能长期不出现临床症状而成为隐性型。貉营养的来源主要是从植物性饲料及部分从动物性饲料中所获得的，植物性饲料中微量元素的含量，与其所生长的土壤和水源中的含量有一定关系，因此微量元素缺乏症或过多症的发生，往往与某些特定地区的土壤和水源中含量特别少或特别多有密切关系。常称这类疾病为生物化学性疾病，或称为地方病。营养物质的补充可以预防或治疗营养代谢病，缺乏症时补充某一营养物质或元素，过多症时减少某一物质的供给，能预防或治疗该病。通过对饲料或土壤或水源检验和分析，一般可查明病因。

随着规模化、集约化和舍内饲养，貉的生产性能大幅度提高，营养代谢病的发生愈来愈频繁，营养代谢性疾病已成为重要的群发病。貉营养代谢病病种类繁多，发病机理复杂，但与其他疾病相比较，在临床诊治方面有以下几个特点。

①发病慢，病程较长。从病因作用到貉表现临床症状，一般皆需要数周或数月。病貉体温一般偏低或在正常范围内，大多有生长发育停止、贫血、消化和生殖机能紊乱等临床症状。有的可能长期不出现明显的临床症状而成为隐性型。

②多为群发性，但不发生接触性传染此类疾病的发生，多由于貉群长期或严重缺乏某些营养物质，故发病率高，群发特点明显。但这种病在貉群之间不发生接触性传染，与传染病有明显的区别。

③早期诊断困难，治疗时间长。此类疾病临床症状表现往往不明显，增加了早期诊断的难度。当发现貉群得病之后，已造成生产性能降低或免疫功能下降，容易继发或并发某些传染病、慢性病，所需治疗时间也相应延长。

④此类疾病可以通过饲料、土壤、水质检验和分析查明病因。只要去除致病因素，加强治疗，就能得以预防。

4. 中毒病

某种物质进入机体体后，侵害机体的组织和器官，并能在组织和器官内发生化学或物理学的作用，破坏了机体的正常生理功能，引起机体发生机能性或器官性的病理过程，这种物质被称为毒物。由毒物引起的疾病称为中毒。中毒病通常在采食后成群暴发，如在采食了喷洒农药、腐败、发霉、有毒等不良饲料或药物后发生。中毒病无接触传染病史，患病动物之间不发生接触性传染，这是中毒病与传染病的明显区别。中毒病多是群体发生，且出现相似症状，这类疾病体温多在正常范围内。

第二节　駱病的诊断技术

一、駱病诊断的基本方法

駱病临床诊断的基本方法包括：问诊、视诊、触诊、叩诊、听诊和嗅诊。

1. 问诊

问诊是指兽医人员以询问的方式，听取有关饲养人员有关病駱发病情况和经过的介绍。问诊主要包括以下内容。

(1)基本情况调查　包括駱的年龄、体重、性别，是否注射过駱病疫苗，是否驱过虫，有无与病駱接触史，生活环境与食物种类如何，管理和生殖情况等。如突然改变饲料或饲料霉败不洁等，容易引起駱腹痛、腹胀、腹泻等胃肠道疾病和重度。笼舍寒冷、污秽、潮湿、泥泞，均易引起风寒感冒。食槽或饮水不洁，常引起脾胃病、寄生虫病。

(2)病史调查　何时发病，病初情况，病駱过去发生过同样的疾病没有，病情发展情况，是个案病例还是群发，有无传染性。发病后的主要表现，如采食、饮水、排便、咳嗽、腹痛、出汗、呼吸和姿势以及是否让人触摸等情况。如系突然发病，死亡头数多，症状基本相同，就应考虑急性病或中毒。如病程长，食欲时好时坏，排粪时干时稀，日渐消瘦，可能是脾胃虚弱。如病初排少量干小粪球，随之排粪停止，腹痛也随之加重，则为便秘。

(3)治疗情况　病駱治疗过没有，用过什么药物，效果如何，用药方式与药量，用药后效果如何。了解这些情况，对于疾病确诊，合理用药，提高疗效，避免医疗事故的发生，以及判断预后等都非常重要。

问诊时，可以先问后看，也可边看边问，重点内容还可以反复问。对问诊所获得的材料，应结合现症检查的结果进行综合分析，善于去粗取精,去伪存真,为建立诊断找出线索,持绝对肯定或绝对否定的态度都是片面的。

2. 视诊

视诊是用肉眼或借助器械观察病貉全身或局部所呈现的各种异常现象的方法。视诊时要站在离病貉适当的位置,由前向后,由整体到局部,由左向右,由静态到动态进行观察,发现异常,可稍近一些进一步仔细观察。必要时,驱赶病貉观察其步态。视诊主要包括以下内容。

(1)整体状况　包括体格大小、发育程度、营养状况、体质强弱、站立姿势、躯体及四肢的对称性和均匀性等。

(2)精神状态　貉的精神状态包括精神正常、精神抑制、精神兴奋三个方面。异常情况表现为沉郁或兴奋。健康貉表现灵活,反应敏锐,眼睛明亮。而精神异常可表现为抑制或兴奋。沉郁时,可见发病貉耳耷头低,对周围冷淡,对刺激反应迟钝,常躲在角落躺着。兴奋是貉大脑兴奋性增高的表现,如患狂犬病貉则表现明显。

(3)姿势与步态　姿势是指貉站立时的状态,步态是指行走时的体态。健康貉动作自然协调,但在某些疾病(传染病、代谢病、中毒病),貉常常表现为异常姿势。如病理性躺卧、兴奋不安、盲目运动、转圈、共济失调等。当患有破伤风时躯体则呈现特异的木马强直姿势。

(4)被毛状态　主要检查被毛的光泽、色泽、分布是否整齐以及换毛情况。健康貉在非换毛季节,被毛平齐顺滑,有光泽,不易脱落。患病貉则往往被毛蓬松、凌乱,缺乏光泽,且长短不一。在非换毛季节大量脱毛则是一种病理现象,被毛成片脱落,常见于体外寄生虫病(螨病)、皮肤真菌病等。

(5)观察天然腔道　如口腔、鼻腔、咽喉、肛门、阴道等处的颜色与完整性,排泄物与分泌物(性质、数量和气味)等。

(6)观察生理活动是否异常　如饮、食欲,呼吸动作,咀嚼,吞咽，饮水，呕吐，排粪，排尿等。

①饮食欲检查：貉的饮欲亢进，常见于剧烈腹泻、多尿及呕吐等。饮欲减退见于伴有昏迷的脑病及某些胃肠病。重症腹痛的病貉常拒绝饮水，如出现饮水，则是病情好转的表现。貉食欲减退，常见于热性病、代谢病、各种胃肠病的初期和一些剧痛性疾病。食欲废绝，见于急性胃肠道疾病、便秘和各种严重疾病等。食欲增进，见于饥饿、肠道寄生虫病及重病后的恢复期。食欲不定，见于慢性消化不良，慢性肝病等。异嗜多因貉缺乏某种营养成分或味觉错乱所引起，见于消化不良，钙、钴缺乏症及某些脑病。

②呼吸动作检查：貉的吸气、呼气和呼吸间隔很均一，具有一定的规律，即吸气后紧接着呼气，一般呼气要比吸气时间长些，其比值约为1∶1.6，两次呼吸之间要经过短暂的间歇期。吸气性呼吸困难的病貉在吸气时用力，时间延长，鼻孔开张，头颈伸直，肘头外展，肋骨上举，肛门内陷，并常听到类似口哨的狭窄音。吸气性呼吸困难常见于鼻腔、咽喉和气管的狭窄性疾病。呼气性呼吸困难的病貉在呼气时用力，时间显著延长，脊背拱起，肷窝变平，腹部容积变小，肛门突出，呈明显的二段呼气，并于肋骨与肋软骨的结合处形成一条喘沟，呼吸越困难，喘沟越明显。呼气性呼吸困难常发生支气管炎、慢性肺泡性肺气肿等。混合性呼吸困难的病貉吸气和呼气都表现出困难，且呼吸速度快，呼吸次数增加。混合性呼吸困难是临床上最为常见的一种呼吸困难，主要见于肺炎、胸腔积液和气胸等疾病。此外，心源性、血源性、中毒性和中枢性等病因，均可引起混合性呼吸困难。

病貉呼吸时呈胸壁运动不明显，而腹壁运动明显的腹式呼吸，表明病变多在胸部，为具有障碍胸壁运动的疾病所致，多见于胸膜炎、心包炎、肺泡性肺气肿和肋骨骨折等。病貉吸气和呼气时胸廓呈多次短促而断续的运动，可见于胸膜炎、细支气管炎等。病貉呼吸显著深长，呼吸数减少，并在吸气时伴发鼾音，这是呼吸中枢衰竭的晚期表现,多预后不良,常见于代谢性酸中毒或放血末期等。病貉呼吸运动短时间暂停后,逐渐加深、加快,达到高潮后又逐渐变浅、变缓,以至呼吸暂停,这是呼吸中枢衰竭的早期表现,常见于脑炎、心力衰竭、尿毒症及中毒等疾病。病貉在数次呼吸后,出现数秒至 30 s 的短时间停息,这是呼吸中枢兴奋性显著降低的表现,多发生于脑膜炎、尿毒症等疾病。

③排粪与粪便性状检查:当貉排排粪次数减少,粪量也少时,称为排粪迟滞或便秘。便秘时粪便干硬、色暗,常被覆多量黏液,这是便秘初期和热性病的症状。当肠管完全阻塞时,则排粪停止。顽固而持续性腹泻多见于重剧肠炎。在慢性消化不良过程中经常出现便秘、腹泻交替发生的现象。排粪带痛,多见于腹膜炎,直肠炎等。健康貉的粪便呈圆柱形长条状,前端钝圆,后端略尖,表面光滑,一般呈黄褐色,根据饲料种类不同而有差异,饲喂同一饲料时,粪便颜色应基本一致,柔软有光泽。粪便稀软,甚至呈水样,常见于肠炎等。粪便硬固、干小,见于肠便秘的初期。粪便混有脓汁,多见于化脓性肠卡他或直肠内脓肿的破溃;粪便表面覆厚层纤维蛋白膜,见于纤维素性肠炎。貉传染性肠炎初期粪便呈黄色牛粪状,进一步呈黄色或污绿色粥状便,有恶臭,再进一步发展为粉红色或混油血液的水样便。当貉患有寄生虫时,有时粪便中可检出蛔虫、绦虫体节等。

④尿液的感官检查:健康貉尿液呈透明浅黄色,无沉淀物。淡红色或咖啡色为含血尿,主要见于膀胱炎、肾炎、尿道出血;呈褐色或黄绿色为含胆汁尿,见于肝、胆炎症、尿毒症。尿中含有较多的脂肪时呈乳白色为乳白尿,多见于肾、尿道及膀胱的化脓性炎症。健康貉尿稀薄如水。如见貉尿中含有渗出物成分,且浓稠呈丝缕时,则病貉可能发生化脓性膀胱炎和尿道炎等。

3. 触诊

触诊是一种用手指、手掌、手背或借助器械对被检的组织或器官进行触压和感觉，用以判定病变位置、大小、形状、硬度和温度等的检查方法。触诊时，应将病骆保定好，以防意外。触诊的基本原则是范围由大到小，用力先轻后重，顺序从浅入深，敏感部位由周边到中央。

触诊分为直接触诊和间接触诊。直接触诊即用手直接触摸，直接触诊又包括浅部触诊、深部触诊及冲击触诊。浅部触诊使用手掌平贴体表面不加按压，用于检查体表温度、湿度、敏感性和心搏跳动等。深部触诊使用不同的力量对患部进行触压，以判断病变的部位、性状、大小等，常用于检查肿胀等。冲击触诊是手贴皮肤用力进行短而急的触压，常用以检查胃内容物的性状、腹水的波动性等。间接触诊是借助一定的器械进行探诊，常用于一些特殊情况，如食道探诊、尿道探诊等。由触诊可感觉到的病变性质主要有以下5种。

(1)捏粉样　感觉稍柔软，指压留痕，如发面团样，除去压迫后缓慢恢复。见于组织间发生浆液浸润时，如皮下水肿。

(2)坚实　感觉坚实致密而有弹性，像触摸肝脏一样，见于组织间发生细胞浸润时或结缔组织增生时，如蜂窝组织炎。

(3)硬固　感觉组织的硬度似骨，如骨瘤。

(4)波动感　柔软有弹性，指压不留痕，间歇压迫时有波动感。主要是由于组织间液潴留且周围组织弹性减退所致，如血肿、脓肿、淋巴外渗等。

(5)气肿性　感觉柔软稍有弹性及气体向邻近组织窜动的感觉，同时可听到捻发音。这多为组织间气体聚积所引起，见于皮下气肿和恶性水肿病等。

4. 叩诊

叩诊是根据击打骆体组织或器官所产生的音响性质来判断被叩组织和器官有无病理改变的一种方法，多用于检查骆的副鼻窦、胸部和腹部。骆常用的叩诊方法是指叩诊法，即检查者以左(右)

手中指紧贴貉的被叩击的部位，另以弯曲右(左)手的中指进行叩击。叩诊音是被叩组织、器官在叩打时发生振动所产生的声音，其性质主要决定于被叩组织的致密度、含气量和含液体量的多少。叩诊的基本音响有以下 5 种。

(1)浊音　又称实音，是厚实的肌肉和不含气体的实质器官如心、肝脏、脾等与体壁直接接触部位在叩诊时发出的叩诊音，其声音性质是强度弱、持续时间短，声音高、不带有鼓音性质。

(2)清音　是正常肺区的叩诊音，其音响强、持续时间长、音调低、非鼓性。

(3)鼓音　是含有气囊组织器官的叩诊音，对貉来说主要是胃肠气囊或气胀时腹部相应部位发生的叩诊音，其音响性质为音响强、持续时间长、音调高或低、鼓性。

(4)过清音　是介于鼓音和清音之间的一种叩诊音，如肺气肿、气胸时肺区的叩诊音。

(5)半浊音　是介于清音和浊音之间的一种叩诊音，如肺炎、肺不张、胸腔积液等病理情况下的叩诊音。正常肺区边缘亦表现为半浊音。

给貉叩诊时应注意：

①叩诊应在安静环境中进行。

②要选好叩诊部位，不可盲目。

③被扣指应该平放在被叩部位，紧密连接但不可用力按压，更不能枕于骨骼之上或之间。

④叩诊时，要利用腕力用叩诊指垂直打击被扣部位，之后，叩诊指要自然弹起，连续扣击 2～3 下。

⑤叩诊的力量适中，须视病变部的深浅和叩诊的目的而定。

5. 听诊

听诊是直接或间接听取貉深部器官发出音响的一种检查方法。听诊不仅可以辨别声音的性质，而且还可确定声音产生的部位，甚至估计病变范围的大小。当貉的心、肺及胃肠等器官有病变时，通常用听诊的方法进行诊断。听诊可分为直接听诊和间接听诊。

直接听诊简便、易行、结果准确。通过听病貉的咳嗽音及特征，可借以判断病性。检查咳嗽时，应着重检查咳嗽的性质、次数、强弱、持续时间和有无疼痛反应，貉常见的病理性咳嗽有干咳、湿咳、痛咳和痉挛性咳嗽4种。干咳主要发生于慢性气管疾病和急性炎症的初期，当貉发生胸膜炎时，常反射地引起干咳。湿咳多见于咽喉炎、支气管炎和支气管肺炎等。痛咳多见于急性喉炎、喉水肿和胸膜炎等。痉挛性咳嗽常由喉炎或异物进入上呼吸道而引起。

间接听诊是利用听诊器进行的听诊。由于听诊器具有放大音响的功能，使用方便、卫生，故此较为常用。听诊时要注意：

①听诊器要密贴貉的体表，防止摩擦。须将貉保定好，以免其来回走动而影响听诊效果。

②使貉安定后在安静的环境中接受听诊。

③间接听诊时需先检查听诊器，看其有无松动，破损或堵塞，以免影响对听诊音的辨别，听诊时注意辨认音响的性质，注意区分被毛摩擦音和肌肉的震颤音。

④听诊时要有针对性，在问诊之后有目的地进行。

6. 嗅诊

嗅诊是借检查者的嗅觉，嗅闻病貉的口腔、呼出气体、皮肤和分泌物、排泄物的气味，来提示或诊断某些疾病。口臭提示口腔或胃有病，呼出气体恶臭提示肺部有病。皮肤和呼出气体散发尿臭提示有尿毒症的可能，阴道分泌物有腐败臭味提示子宫积脓，出现体臭见于齿槽脓肿、肛门脓肿、胃肠病、外耳炎、全身性皮炎等，特别是全身性脓疱性毛囊虫症、湿疹时，散发出难闻的气味。在貉的食物中常掺杂有一定量的肉类或脂肪，故貉粪具有特殊的臭味，甚至发生难闻的酸臭气味。但当未饲喂貉肉类食物时,其粪便散发出酸臭或腐败臭味时,则是消化不良及胃肠炎所致。健康貉尿有较强烈的臭味。在一些疾病过程中,尿的气味常发生明显改变。如当膀胱炎和尿道阻塞等引起尿潴留时,由于细菌可使尿中的尿素分解,生成氨类成分,故尿液发生氨臭。当膀胱、尿道有溃疡、坏死或化脓性炎症时,常可因大量蛋白分解而产生腐败臭味。

二、一般检查

一般检查即对貉体外病情概括了解,主要通过视诊和触诊登记本诊断方法对病貉的体况、营养、姿势、被毛、皮肤的为温湿度与弹性、可视黏膜的颜色变化等进行细致观察,进而了解病貉的外貌概况,再根据所观察到的异常现象和变化,为下一步系统检查提供重要依据。

1. 整体状态的观察

接触病貉进行检查的第一步,就是观察病貉的整体状态。整体状态检查的重点是判定貉的体况、营养程度、姿势、体态、运动和行为的变化和异常表现。检查一定要在良好保定条件下进行。

(1)体况与营养程度　这两项是衡量貉健康与否的重要标志,也是饲养管理好坏及疾病发生过程的具体表现。体况和发育状况一般可根据貉的骨骼和肌肉的发育程度来确定。为了确切判定,必要时可应用测量器械测定其体重、体长、胸围等。一般根据视诊观察的结果,可区分貉体格的大小,或发育良好与不良。发育不良的貉,多表现为躯体矮小,结构不匀称,特别是幼龄阶段,常呈发育迟缓或发育停滞。营养程度可根据貉肌肉丰满度,特别是皮下脂肪蓄积量来判定,被毛状态和光泽也可作为参考。临床上一般将营养程度分为营养良好、营养中等和营养不良三级。营养良好的貉表现为肌肉丰满,皮下脂肪充盈,被毛光泽,躯体圆满而骨骼棱角不突出。营养不良的貉表现为消瘦,被毛蓬松且无光,皮肤缺乏弹性，骨骼表露明显（如肋骨）。消瘦是貉病临床常见的症状，如病程缓慢，多提示为慢性消耗性疾病（主要为慢性传染病、寄生虫病、长期的消化紊乱或代谢障碍性疾病）。如貉短期内急剧消瘦，主要考虑急性热性传染病的可能性或由于急性肠胃炎、频繁下痢而致大量失水的结果。高度营养不良称恶病质，是判断预后不良的一个重要指征。

（2）精神状态　貉的精神状态是其中枢神经机能状态的重要标志。貉的精神状态主要通过对颜面表情，眼、耳的动作，身体的姿势以及各种防卫反应等的观察而确定。健康貉表现为姿势自然，两眼有神，动作敏捷，反应灵活。精神异常时，病貉则表现为精神过度兴奋或抑制。过度兴奋时，病貉活动性增强，狂躁不安，狂吠乱咬，攻击人畜，多见于狂犬病、中毒和脑炎等病。精神沉郁时，病貉表现为沉郁、昏睡，甚至昏迷。沉郁时病貉头低垂，眼半闭、无精打采，呆立不动，不注意周围事物，反应迟钝，躲在角落里躺着，不听呼唤。沉郁多由于脑组织受毒素作用、一定程度的缺氧和血糖过低所致。昏睡时，病貉常陷入沉睡状态，对一般刺激无反应，强刺激可使之觉醒，但反应极为迟钝，并很快又陷入昏睡状态。昏睡常见于重剧的脑炎、中毒病等。昏迷时，病貉常倒地，意识完全丧失，各种反射消失，强烈刺激亦无反应，心脏跳动节律不齐，呼吸节律不整，甚至瞳孔散大，粪、尿失禁。昏迷多发生于严重的脑病和尿毒症等病危情况，重度昏迷常为预后不良的征兆。

（3）运动与行为　健康貉姿势自然、运动自如协调。病貉作无目的地徘徊，向前直冲、后退不止，或呈圆圈运动，可提示为脑、脑膜的充血、出血、炎症或某些中毒或严重的内中毒（如脑脊髓炎、霉菌中毒、伪狂犬病、李氏杆菌病等）。病貉运动时体躯摇摆、步态不稳、动作笨拙，四肢高抬，着地用力，如涉水状动作等，常见于脊髓、前庭、小脑及大脑皮质受损时。病貉肌肉一阵阵地收缩与弛缓交替出现，常见于脑炎、饲料中毒、钙镁缺乏症等。病貉肌肉长时间的连续性收缩而无弛缓或间歇的表现，常见于破伤风和有机磷中毒等。

2. 被毛和皮肤检查

检查表被状态，主要应注意被毛、皮下组织的变化及体表在外科病变的有无及其特点。检查时，应注意其全身各部位皮肤的病变，除头部、颈侧、胸腹侧外，还应仔细检查其会阴、乳房及趾球、趾间等部位。

健康貉的被毛整洁、有光泽。被毛蓬乱而无光泽或大面积脱毛常是营养不良的标志，可见于内寄生虫病、结核病等慢性消耗性疾病，以及营养物质不足、长期消化紊乱等。局部性脱毛处应注意皮肤病或外寄生虫病。表现为脱毛症的常见疾病有：疥螨病、虱病、蚤病、皮肤真菌病等。皮肤苍白乃贫血之症，可见于幼貉贫血、营养不良、维生素缺乏症、蛔虫感染等引起的各型贫血。皮肤黄疸可见于肝病（如实质性肝炎、中毒性肝营养不良、肝变性及肝硬化），胆道阻塞（如胆道蛔虫、肝片吸虫），溶血性贫血。

皮肤发绀可见于多种中毒病，尤以亚硝酸盐中毒最为明显。皮肤发红是充血的结果或发热的表现，如犬瘟热。皮肤的红色斑点常由皮肤出血引起，如系出血点则指压时不褪色。犬瘟热后期，可见下腹部和股内侧、颈侧等部位出现米粒大红点、水肿和化脓性丘疹。貉的皮肤温度可用手背感觉。貉全身性皮温增高见于热性病、剧烈的腹痛等。局部性皮温增高多为局部性炎症，如局部性皮炎、咽炎等。皮温降低是体温过低的标志，常见于大失血、高度心脏衰弱等。皮温分布不均是由于皮肤的血液循环及神经支配的异常，引起局部血管痉挛的结果，多表现在身体的对称部位，如一耳热，一耳凉，或一耳时冷时热，多发生于发热的初期和腹痛病的末期。貉的皮肤湿度可通过鼻镜湿润或干燥程度直接反映出来，正常情况下貉的鼻镜处常较湿润。鼻镜发干可见于发热病及重度消化障碍与全身病。严重时发生龟裂，提示犬瘟热等。

3. 可视黏膜检查

可视黏膜包括眼结膜、鼻黏膜、口腔黏膜和阴道黏膜等。在临床上主要检查眼结膜。必要时才检查其他黏膜。可视黏膜检查的重点是观察其色泽的变化。健康貉的眼结膜湿润,有光泽,呈粉红色。检查时应保定,在自然光下观察,避免强烈压迫和摩擦。貉眼结膜色彩的病理变化主要有以下几种。

(1)结膜苍白　结膜色淡,甚至灰白色,是各型贫血的表现。急速发生的苍白,见于大失血,肝、脾破裂等。逐渐苍白,可见于某些慢性消耗性疾病,如肠道内寄生虫病、血源寄生虫病等。

(2)结膜潮红　是结膜下毛细血管充血的征象,可分为弥漫性充血和树枝状充血。前者是结膜普遍呈红色,见于肠炎及各种急性传染病等;后者是结膜血管高度扩张,如同树枝状,常见于脑炎、肺气肿和心力衰竭等。另外,单眼充血时常系局部炎症所致;双眼充血则与全身性疾病有关。

(3)结膜黄染　结膜呈不同程度的黄色,是血液内胆红素增多的结果,多见于胆汁排泄障碍性疾病、肝炎、十二指肠炎、钩端螺旋体病及一些溶血性疾病等。

(4)结膜发绀　结膜呈蓝紫色,是血液内还原血红素蛋白增多的结果。主要见于肺呼吸面积减少和大循环瘀血性疾病,如大叶性肺炎、重度胃肠炎、中毒性疾病、心脏衰弱等。

(5)结膜有出血点或出血斑　主要表现为结膜有针点大、粟粒大的出血斑点,是因血管壁通透性增大所致。常见于血斑病和血孢子虫病等。

在检查眼结膜时,还须注意观察眼睑及分泌物、眼球、角膜、巩膜及瞳孔的变化。黏稠脓性的眼分泌物,见于感冒、犬瘟热、恶病质等。角膜混浊,见于传染性肝炎等。同时,注意有无眼虫。

4. 浅在淋巴结检查

貉病临床中应予以注意的淋巴结有颌下淋巴结、颈浅淋巴结、腋下淋巴结、腹股沟淋巴结和膝窝淋巴结等。浅在淋巴结检查常用触诊的方法检查其大小、形状、硬度、表面状态、敏感性及可动性。必要时可配合穿刺检查。淋巴结的病理变化主要表现为急性或慢性肿胀,有时可呈现化脓。淋巴结的急性肿胀,通常呈明显肿大,表面光滑,且伴有热、痛、红。淋巴结慢性的肿胀,一般呈硬结肿胀,表面不平,无热痛反应,且多于周围组织粘连而难以活动。淋巴结化脓则在肿胀、热感、呈疼痛反应的同时,触诊有明显的波动,如进行穿刺,可吸出脓性内容物。

5. 体温、呼吸、脉搏的检查

(1)体温测定　貉的体温检测目前多用直肠内测温。测温前对貉进行适当的保定。貉在运动、兴奋、紧张或暴晒后,可使体温一时性升高;而大量饮用冷水,受凉等又能使体温一时性下降。因此,对有上述情况的貉应在休息半小时后再检测体温。貉体温测定的方法:先将体温计的水银柱甩至35℃以下,涂少许润滑剂,将体温计稍加旋转缓慢地经肛门插入直肠内3～5 cm,并把体温计的夹子夹在尾根或臀部被毛上,过3～5 min后取出。健康貉体温为39.5(37.8～41)℃,一般温差不超过1℃。当貉的体温高于正常值时可认为是发热,通常体温升高1℃以内为微热;升高1～2℃为中热;升高2～3℃为高热。体温升高见于各种传染病和全身性感染,部分炎症也可引起发热。体温下降,多见于中毒、失血、濒死期。

(2)呼吸数测定　检查呼吸次数时,必须在貉安静状态下或适当休息后再进行,否则呼吸数偏多。检查呼吸数的方法如下。

①观察胸腹部的变化,貉胸腹壁的一起一伏,是1次呼吸。

②将手背放在貉鼻孔前适当的位置,感觉呼出的气流,呼出1次气流是1次呼吸。

③冬季通过观察呼出的气流,来测定呼吸的次数。计算呼吸次数,通常是以1 min为佳。健康貉正常呼吸均匀而有节律,一般

每分钟 23～43 次。貉常见的病理性呼吸数有增多和减少 2 种。呼吸数增多常见于一些急性热性传染病、缺氧性疾病、肺炎和胸膜等呼吸系统疾病以及脑病等。呼吸数减少多见于某些中毒性疾病、代谢紊乱性疾病、颅内压显著升高和一些重危、预后不良的疾病。

(3)脉搏测定　切诊脉搏时，必须在捕捉貉休息 10 min 后，使貉处于安静状态下进行，否则脉搏数偏多。貉脉搏次数测定方法通常是听取心音或触诊尾中动脉，健康貉的脉搏数为每分钟 70～146 次。脉搏数增多见于各种发热性疾病、心脏病、贫血及疼痛等。脉搏数减少见于颅内压增高的疾病（如脑积水）、药物中毒、心脏传导阻滞、窦性心动过缓等。

三、系统检查

检查一定要在良好保定条件下进行，整个检查过程至少用 10 min，全面检查所有的可接触的系统、器官、组织和自然孔。

1. 头部检查

头部检查多用视诊、触诊和叩诊。观察比较头盖骨和颞肌的形态与对称性，叩击诊断脑积水或额窦实变，鉴别骨缝和卤门的大小，比较颅盖、上下颌骨厚度和柔韧性，检查头部皮肤异常变化。头颅肿大变形，见于脑水肿、脑肿瘤等。头颅局部柔软并有压痛，见于脑肿瘤。头颅增温，见于脑充血、脑膜炎等。

2. 眼和眼睑检查

主要检查眼球的大小和位置，结膜、巩膜和角膜颜色和状态，瞳孔的大小和对光刺激的反应，对触觉和视觉刺激的反应等。眼睛下方的毛色变成红褐色，是泪囊炎或鼻泪管阻塞以及各种流泪所致。眼睑肿胀，常见于眼睑受到机械刺激、结膜炎、眼睑腺炎等。淀粉样白色分泌物，多半见于肠内寄生虫或其他慢性疾病等。黄色、黏稠性眼分泌物，是化脓性角膜炎和结膜炎的症状，除见于倒睫、机械性刺激外,还见于犬瘟热、传染性肝炎、疱疹及热性病等。眼球巩膜血管怒张,一般提示肺或心脏有病。角膜混浊,可见于角膜炎、各种眼病、传染性肝炎等。角膜混浊如果是双侧同时出现,提示头孢拉定等抗生素使用过量;单侧先后出现,提示传染性肝炎。角膜溃疡穿孔,提示传染性肝炎或犬瘟热。

用手电筒从侧方迅速照射瞳孔,观察瞳孔的大小变化,检查瞳孔对光刺激的反射。健康貉在强光照射下,瞳孔迅速缩小;强光除去后,则迅速恢复原态。貉瞳孔散大,对光反射消失,眼球固定不动,见于中脑疾病。貉高度兴奋、恐惧、剧痛及应用阿托品时,瞳孔也散大,但对光仍有反应。瞳孔缩小一般见于颅内压中等程度升高时,如慢性脑积水、脑膜炎、虹膜炎、有机磷中毒等。

3. 鼻和鼻孔检查

健康貉鼻镜应保持湿润、凉感(在睡眠时有时干燥是正常的)。如发干、温热提示发热性疾病,破裂则提示犬瘟热等。健康貉一般无鼻液,若发现鼻液流出,多为病理状态。浆液性鼻液为无色透明水样,常见于呼吸道黏膜炎症的初期、感冒和犬瘟热的初期等。黏液性鼻液呈蛋清样,较黏稠并有牵丝,常见于呼吸道黏膜急性炎症的中后期。脓性鼻液呈黄色或黄绿色,黏稠混浊,常见于呼吸道黏膜急性炎症的后期、颌窦炎、肺脓肿破溃等。腐败性鼻液呈污秽不洁的灰黄色或绿褐色,混有崩溃的组织块,有恶臭气味,多见于坏疽性肺炎和腐败性支气管肺炎等。血液性鼻液呈红色,混有血丝、凝血块或全血,多来源于呼吸道黏膜和肺脏,为出血性疾病的特征。血色鲜红者,常为鼻出血;血色粉红而混有小气泡时,应考虑肺出血;鼻液呈铁锈色,多见于纤维素性肺炎等疾病。多量鼻液,常见于呼吸道的急性疾病或某些传染病,如急性鼻炎和流感等。鼻液量不定,当貉低头采食或咳嗽时鼻液增多,若从一侧鼻孔流出,多为副鼻窦的疾病,如颌窦炎等;如从两侧鼻孔流出,常见于坏疽性肺炎。

4. 耳的检查

耳部检查时,应注意耳的轮廓、位置及皮肤变化、耳道清洁度和气味、耳廓和软耳道的厚度和适应性、有无耳道液体或渗出物等。外耳炎,特别是细菌性外耳炎耳内有恶臭,压迫耳根部有时会听到“咕唧—咕唧”声,有时压出脓性分泌物。耳螨虫病时,会排出特征性的干燥耳垢。发现外耳疾病后,要进一步判断是否涉及中耳、鼻咽部和咽后部。

5. 口腔检查

当貉有流涎、饮食欲减退或咀嚼、吞咽障碍时,都应进行口腔检查,以便找出患病的部位和原因,实施正确的防治措施。貉的口腔检查要在确实保定条件下进行。貉患有舌撕裂、狂犬病、佝偻病时,口常无法闭合或闭合不全;当发生消化机能紊乱、口炎或食欲废绝时,口腔常产生特殊臭味。当貉患有口炎及吞食障碍疾病时,口腔流涎增多,如狂犬病和中毒病等。口腔干燥也见于一些热性传染病、便秘和长期腹泻等病。

6. 颈部检查

当貉食管被饲料团块或块根类梗塞时,可触摸到硬固的物体。当食管有炎症时,触摸时貉有疼痛反应。必要时用导管从内部探诊食道,以了解食道是否通畅、有无痛感和异物。食道不通畅,见于食道梗塞。检查喉头到胸腔入口的颈部组织,触摸颈部淋巴结、甲状腺、甲状旁腺是否增大。

7. 胸腔检查

健康貉的胸廓两侧对称,脊柱平直,肋骨膨隆,肋间隙的宽度均匀。胸廓向两侧扩大,左右横径显著增加,肋间隙变宽,胸廓扩大的形状如同圆桶状,常见于慢性肺泡性肺气肿;胸廓的一侧性扩大,多见于单侧性胸膜炎、气胸和肋骨骨折等。胸廓狭窄,左右横径显著缩小,胸廓呈现扁平的状态,可发生于纤维性骨营养不良和慢性消耗性疾病等。当病貉的胸壁有脓肿、外伤及炎症时,视诊可见局部隆起。当发生骨折时，则能发现患部出现凹陷或变平坦，此时，病貉出现明显的腹式呼吸。当貉发生胸膜炎、胸壁脓肿时，可发现胸壁全部或局部增温。当貉发生肋骨骨折和胸膜炎时，其胸壁敏感，触之骚动不安，回顾躲闪、反抗或呻吟。发生佝偻病时，可在肋骨与肋软骨结合部摸到串珠样肿。

胸部叩诊目的是了解胸腔内各脏器的解剖关系和肺叩诊区的大小，并根据叩诊音的变化来判定肺和胸膜的病理变化，为肺脏和胸腔疾病的诊断提供依据。健康貉的肺叩诊音为清音，即音响强，音调低；而有的貉则稍带鼓音性质。一般肺中部的叩诊音较响亮而清长，而上部和边缘部的叩诊则较弱而钝浊，带有半浊音性质。貉常见的病理性叩诊音有 5 种。

①浊音多见于肺水肿、化脓性肺炎、肺肿瘤等。

②半浊音见于支气管肺炎等。

③鼓音多见于肺空洞、膈疝、气胸等。

④过清音见于慢性肺泡性肺气肿。

⑤水平浊音，叩诊的浊音上界呈一水平线，常见于渗出性胸膜炎及胸水等。

胸部听诊与叩诊同时应用，可相互补充，是诊断肺脏和胸膜疾病较可靠的方法。听诊时，一般先从胸壁中部开始，其次是上部和下部，均由前到后依次进行，每个部位听 2～3 次呼吸音，直至听完全肺。如在某处发现呼吸音异常时，则应在该部周围及对侧相应部位进行比较听诊。健康貉的肺泡呼吸音较弱，类似“夫”的声音，吸气时较明显，而呼气时微弱。正常时在第 3～4 肋间肩关节水平线上下（接近体表区有较大的支气管，称为支气管区），可以听到类似“赫”的支气管呼吸音。貉胸部的病理性听诊音常见的如下。

①肺泡呼吸音增强。当全肺均可听到粗粝的“呋—呋”音时，多为全身症状的一部分，而不标志肺实质的病理变化，常见于贫血、中毒和发热性疾病。仅为局部增强时，多为代偿性增强，常见

于支气管肺炎、渗出性胸膜炎等。

②肺泡呼吸减弱或消失，常见于肺炎、慢性肺泡气肿等。

③啰音。类似笛声或鼾声的干啰音，常见于支气管炎和支气管肺炎；类似含漱或水泡破裂音响的湿啰音，多见于肺水肿、肺出血等。

④捻发音，多见于纤维素性肺炎的充血水肿期和溶解吸收期。

⑤空瓮性呼吸音，常见于坏疽性肺炎和肺脓肿破溃等。

⑥胸膜摩擦音，常见于犬瘟热继发的胸膜炎初期和吸收期。

⑦胸腔拍水音，多见于腐败性胸膜炎、气胸伴发渗出性胸膜炎等。此外，当貉患严重的纤维素性肺炎时还常能听到支气管呼吸音和混合性呼吸音等。

8. 胃肠道检查

腹部胃肠道检查可用视、听、触等方法进行。视诊主要是观察貉腹围的大小及有无局限性肿胀。病理性腹围变化常见的是增大和缩小 2 种。病理性腹围增大可由积气和积液所引起。肠管内积有大量气体时，腹部上方显著膨大；臁窝展平，甚至凸出，见于肠鼓胀等。腹腔内蓄积大量液体时，腹部下方膨出，见于弥漫性腹膜炎和腹水等。腹部局限性膨大，多为腹壁疝或腹部皮下水肿所致。腹围缩小常见于急剧腹泻（如急性胃肠炎等）、长期食欲减退或长期腹泻（如慢性消化不良等）和慢性消耗性疾病（如寄生性贫血等）。

腹部触诊方法是检查人站在被检貉的后方，以双手拇指置于腰部做支点，其余 4 指伸直置于腹壁两侧，缓缓用力压迫，直至两手指端相互接触，以感觉腹壁及可触知的腹腔脏器状态。也可用双手置于两侧肋弓的后方，由前逐渐向后上方移动，让内脏滑过各个指端。若将貉的前后躯轮流举高，几乎可触知全部腹腔的脏器。触诊时应由浅表触诊逐步过渡到深部触诊，并避免腹部紧张，使其充分放松，对疼痛的腹部适当触诊，要避免粗暴和突然的触压。通过触诊，可以确定胃肠的充满程度和腹部的一些病变。左肋下区紧张并坚硬,见于胃食滞。胃区按压疼痛并有呕吐,见于胃炎。肠区有坚硬物且按压时疼痛,见于肠便秘、肠套叠及肠癌等。当肠管积气时,可感到腹壁的弹性增强。当腹腔积液时,可感知波动感。当貉患有腹膜炎时,触压腹壁疼痛反应明显,腹壁紧张度增高。腹部触诊时,要注意不要将正常组织器官误认为异常。

正常时由于貉胃的位置深,一般听不到其蠕动音。但貉发生胃扩张时,则可听到短促而高亢的沙沙声、流水音或金属声。肠音是由于肠管蠕动时,肠内容物移动而产生的。健康貉的肠音清晰易听,如流水声、含漱音。病理性肠音主要有肠音增强、肠音减弱、肠音消失、肠音不整、金属性肠音等。

9. 外生殖器和肛门检查

公貉检查包皮、包皮孔和阴囊,暴露阴茎头,检查尿道口,如果怀疑异常,要充分暴露龟头。触摸阴茎口和骨盆外阴茎,定位睾丸,评价睾丸及附睾的大小和质地。进行全面的尿生殖道检查,需要采用手指直肠检查或腹部触诊。母貉检查乳房、乳头皮肤的异常,腹股沟淋巴结的大小和坚实性。雌性外阴检查时注意阴唇的伸展性和前庭黏膜的暴露程度,阴蒂的大小,充分评价异常。患李氏杆菌病时可见母貉流产,并从阴道内流出红褐色的分泌物。非哺乳期母貉的乳腺不充盈,泌乳期乳腺发育。当患有乳腺炎时,乳房有红、肿、热、疼的表现。严重时,整个乳房化脓,并伴有全身性症状,如高热、食欲减退、精神不振、卧立不安等。

四、病理学诊断技术

生产中,貉病的诊断主要根据临床表现和病理解剖剖检。不少疾病,通过对病貉或死貉的剖检,根据其特征性的病变,结合流行病学特点和临床表现,即可做出初步诊断,并及早采取措施,为疾病的有效控制赢得时间,减少损失。病貉最好在死前人工处死进行剖检,已死亡的病貉应尽早剖检。一般死后超过 24 h 的尸体已腐败变质，因而影响对原有病变的观察，不利于疾病的诊断。

1. 剖检器械、物品

常用的剖检器械物品有：解剖刀、组织剪、镊子、量杯、注射器、针头以及采集病料时所需的酒精灯、接种棒、棉签、大口瓶和固定病理材料用的福尔马林、酒精等。另外，还需准备一些常用消毒剂，如碘酊等。

2. 剖检地点

剖检病骆，尤其是患传染病的骆，应在有清洗消毒条件的室内进行。若无条件而需要在室外剖检时，应选择离房舍、水源、道路较远的僻静处，预先挖好埋尸坑。

3. 剖检的要求

(1)正确掌握和运用剖检方法　若方法不熟练，操作不规范、不按顺序，乱剪乱割，影响观察，易造成误诊，贻误防治时机。

(2)防止疾病散播　解剖器械在解剖过程中应随时用水洗涤，剖检结束后将所用的器械经清水洗净，浸入3%来苏儿或0.1%新洁尔灭(内含0.5%亚硝酸钠以防锈)溶液中消毒4～6 h，再用水洗擦干放入专用的器械柜内备用。乳胶手套最好一次性使用。纱布手套和工作衣等，用后必须经清水洗净后彻底消毒。

从场(舍)运出病死骆时，应用密闭、不漏水的容器(如塑料袋等)装载，以防病骆的毛、粪尿或天然孔中的分泌物、排泄物沿途散落而污染场地。剖检地点最好是病理解剖室。如必须在野外或临时场地剖检时，应选择远离养骆场(舍)、水源及人员来往较少的地方。病骆的血液、病理性渗出物和胃肠道内溶物不要随便倒泼，应收集于适当的容器内，然后消毒处理，以免污染周围环境和土壤。

(3)做好自身防护　剖检时，剖检人员应穿上工作服和长筒靴鞋，戴上胶手套。剖检完毕，立即洗手消毒，更换工作服和靴鞋。在剖检过程中，手部如损伤出血，应立即停止工作，并用清水把手洗净，伤口处涂上碘酊或用0.05%的新洁尔灭冲洗消毒，戴上胶手套后再继续工作。解剖完毕后，对伤口再做清洗消毒并做适当处理。

4. 剖检方法

为了全面而系统地检查病貉尸体内外所呈现的病理变化，尸体剖检必须按一定的方法和顺序进行。一般剖检是先体表再体内，体内检查通常是从腹腔开始，然后是胸腔，再及其他，但剖检方法和顺序也不是一成不变的，应当结合当时的具体情况和检查目的与要求等灵活掌握。

剖检前应检查可视黏膜、外耳、鼻孔、皮肤、肛门等部位的变化。有时为了检查皮下病理变并利用皮板在剖检之前先剥皮。剥皮过程中应注意检查皮下脂肪的量和性状，皮下有无出血、水肿、黄染、炎性渗出物、化脓、坏死等，注意血液的凝固性状、肌肉的发育状态和颜色，以及皮下淋巴结的大小、形态、颜色、质地、切面性状等。

尸体剖检时一般是将死肉貉放成躺卧位，用刀先切开、切断两侧肩胛骨内侧和髋关节周围的皮肤和肌肉，使四肢摊开。然后沿腹中线切开皮肤，向前切至颌下，向后切到肛门，掀开皮肤，再切开剑状软骨至耻骨前缘之间的腹壁；沿左右最后肋骨切腹壁至脊柱，使腹腔脏器全部暴露。此时检查腹腔各脏器的位置关系、形态、颜色等是否正常，检查腹腔液体的数量及性状，腹膜是否光滑、有无出血等。然后由膈肌处切断食管，由骨盆腔切断直肠，将肝、脾、胃、肠取出分别检查。再仔细检查肾脏、膀胱和子宫等。

检查胸腔脏器时先沿季肋部切去膈肌，再用刀或骨剪切断或剪断肋软骨与胸骨连接部，再把刀伸入胸腔划断脊柱两侧肋骨和胸椎连接部的胸膜和肌肉，然后用两手向外按压两侧胸壁肋骨，则肋骨和胸椎连接处的关节脱离或折裂而使胸腔敞开。首先检查胸腔液的量和性状，胸膜的色泽和光滑度有无出血、炎症或粘连，而后摘取心、肺等进行检查。

尸体解剖和病理检查应同时进行，边剖边检查，以便观察到新鲜的病理变化。对实质脏器如肝、脾、肾、心、肺、胰、淋巴结等的检查，应先观察器官的大小、形态、颜色、光滑度，感觉其硬度，看有无结节、肿胀、坏死、变性、出血、充血、瘀血等，随后还要切开，观察其切面的病理变化。胃肠一般放在最后检查，先看浆膜的变化，而后切开胃和肠管，观察其黏膜的病变及内容物的变化。气管、膀胱、子宫、胆囊等其他腔体器官的检查方法与胃肠相同。脑和骨只在必要时进行检查。在肉眼观察的同时，根据需要在剖检过程中还应进行各种病料的采集。

5. 病理组织学检查

一般包括组织的采集、固定、冲洗、脱水、包埋、染色和镜检等一系列过程，通常要在具有一定设备和具有经验的专业人员的实验室内进行。基层单位或饲养场(户)有必要时，可按要求采集有关样品送检。一般来说，不同疾病甚至同一疾病的不同阶段，其各组织器官的组织学变化会有所不同。据此可做出辅助性诊断、假设性诊断或确定性诊断。

第三节　骆病的治疗技术

一、骆病的治疗原则

1. 传染病治疗原则

(1)治疗与预防相结合　传染病具有传播的特性，并在一定条件下能引起不同规模的流行，务必做到早诊断，早治疗。一经确诊就应早期彻底治疗，有利于防止转为慢性，有助于消灭病原体控制传染病的流行。治疗本身也是控制传染源的重要预防措施之一，所以早治疗本身也体现了“预防为主”的方针。对于危害严重的传染病在治疗病骆的同时，必须做好隔离、消毒、检疫、疫情报告、流行病学调查等各项措施，以控制传染源的蔓延。

(2)病原治疗与支持、对症治疗相结合　消灭病原体、中和毒素是最根本的有效治疗措施。支持与对症治疗是增强病原治疗提高治愈率，促使病貉早日恢复的重要措施，亦是实施病原治疗的基础。两者不可偏废其一。

(3)疫病具体情况与经济效益相结合　若貉所患传染病无有效治疗方法或治疗需很长时间，所用医疗费用超过病貉痊愈后的经济价值，或当病貉对周围的人和动物有严重的传染威胁时，则应淘汰宰杀，而不予以治疗。特别是当地传入一种过去没有发生过的危害较大的新疫病时，更应在严密消毒的情况下果断淘汰宰杀。

2. 寄生虫病治疗原则

(1)标本兼治，扶正祛邪　貉寄生虫病确诊后，应根据病情和病貉的体质制订科学的治疗方案。在治疗过程中采取“标本兼治”的原则，即采取特效药物驱虫和对症治疗相结合。因为患有寄生虫病的貉体质较弱，所以在治疗时，必须考虑病好的全身状况和对药物的耐受程度。

(2)正确选择和使用驱虫药　在为貉驱虫时，应遵循“高效低毒、广谱廉价”的驱虫原则，即少量使用一种抗寄生虫药物就可以驱除多种寄生虫。治疗过程中要对比病貉加强护理与观察，必要时在治疗后，再次进行病原体的检查，以判定疗效。另外，应事先了解驱虫药的特性，慎防中毒现象，在对大批的貉进行驱虫治疗或预防时，应先对少数貉类予以试验，密切注意观察貉的反应和疗效，确保安全有效后再全面使用。

3. 中毒病治疗原则

(1)脱离毒源　发现貉中毒后，应立即采取积极的应对措施，严格控制可疑的毒源，及时隔离中毒病貉并使其迅速远离有毒环境和有毒物质，防止貉继续接触或摄入有毒成分。如果有毒物质尚未确定，应考虑更换场所、饮水、饲料和用具，直至确诊为止。

(2)排除毒物　根据动物貉的临床表现、中毒的时间、毒物进入机体的途径(或摄入的方式)、有毒物质的性质和毒理、毒物对机体的损害程度、貉的解剖生理特征等,采取相应的排毒方式。临床常见的毒物摄入方式是吞食,应尽快使用催吐剂,帮助其主动吐出有毒物质。强酸中毒时,可用弱碱性物质中和,如氢氧化铝凝胶、4%氧化镁、镁乳或碳酸镁等(但敌百虫中毒时,万万不可使用碱性溶液进行解毒,防止加深毒性);强碱中毒时,可用弱酸中和,如0.5%稀盐酸、1%稀醋酸、食醋、酸菜水等,都有很好的效果。对含生物碱类的植物性中毒,可使用氧化剂进行解毒,使有毒物质被氧化后转变成为无毒物质。常见的方法是用0.1%～0.5%高锰酸钾溶液或1%～3%过氧化氢溶液洗胃、灌肠,也可用1%美蓝静脉注射。对生物碱和金属元素的中毒,可使用药用活性炭进行吸附,尽量减少毒物在胃肠道内的吸收,如果没有药用炭,也可使用滑石粉、锅底灰或将木炭研末后灌服,然后给予泻剂,将被吸附的毒物迅速排出。

(3)在确诊基础上,及时使用特效解毒药　有机磷中毒可应用1%硫酸阿托品注射液、碘解磷定、氯解磷定(PAM-CI)、双解磷(TMB_4)、双复磷(PMO_4)等解毒药。如汞中毒、铜中毒、铅中毒时,可以肌内注射二巯基丙醇。肉毒梭菌毒素中毒貉,在未确定毒素型时,可用多价抗毒素;毒素型已确定后,应使用同型抗毒素。

(4)对症治疗与支持疗法相结合　貉中毒时,都会出现一些共有的症状,如:精神沉郁、呼吸困难、腹痛、腹泻、流涎、颅脑水肿、严重脱水等,临床上应针对中毒症状采取必要的对症治疗措施,如:强心、镇静、保肝、对抗酸中毒、补充体液、降低颅内压、缓解呼吸困难等。如对异常兴奋的貉,应用镇静剂;对有严重出血的貉则采用止血剂;在而对有严重胃肠炎的,应及时应用黏膜保护剂,同时加强肝功能。

二、貉的捕捉与保定

貉的捕捉是养貉的一项基本技术，在日常管理、配种、接种、治疗过程中，必须捕捉保定。貉的犬齿较锋利，捕捉保定时应防止咬伤和跑貉。

1. 徒手保定

徒手保定时可先分散其注意力，一只手瞅准机会迅速抓住貉的尾部，并从笼中拉出提起，另一只手趁机抓住貉的颈部。此法简便易行，适用于较为温顺的貉，但动作缓慢易被貉咬伤，且容易跑貉。必要时可戴上棉手套。

2. 捕貉套

捕貉套由1个钳子、1根木棍或竹竿(直径2.5 cm，长100 cm)、1条废旧三角带（边宽1～1.2 cm，长150～200 cm)或与其直径相当尼龙绳、1个铁圈(直径3 cm)、3截铁丝制成。制作时用铁丝将三角带的一端与木棒一头固定三道，在中间铁丝上安装铁圈，三角带另一端从圈中拉出。捕貉时用三角带形成的圈套住貉脖子后即拉紧三角带，从笼中提出貉，一手持杆一手提貉尾保定。

3. 颈钳保定法

颈钳系由铁杆制成，包括钳柄和钳嘴两部分(图6-1)。通常钳柄长90～100 cm，钳嘴两弧之间距离7～8 cm的半圆结构，钳嘴合拢时呈圆形。保定时，保定人员手持颈钳，张开钳嘴将貉的颈部套入，合拢钳嘴后手持钳柄即可将貉牢固地予以保定。

4. 罗网捕捉法

罗网捕捉法即利用罗网将貉扣捕在网内，再用手提出。一般在检查、放对、移笼、防疫时采用此法。

5. 叉棍捕捉法

叉棍捕捉法即利用叉棍或板叉(图6-2)，将貉颈部扣压住，再配合徒手或戴手套抓貉。此法较确实，安全可靠，捕捉迅速，简便易行，对检查外阴发情、接种、治疗等极其方便。

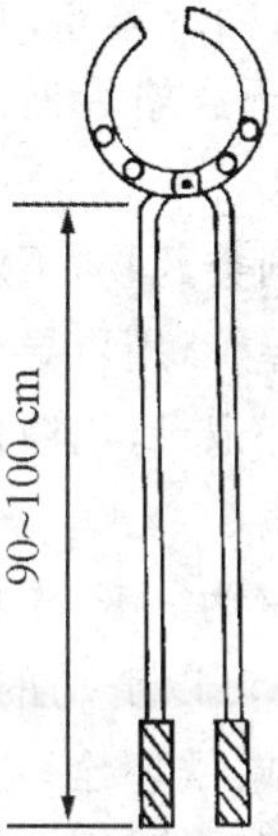

图 6-1　颈钳

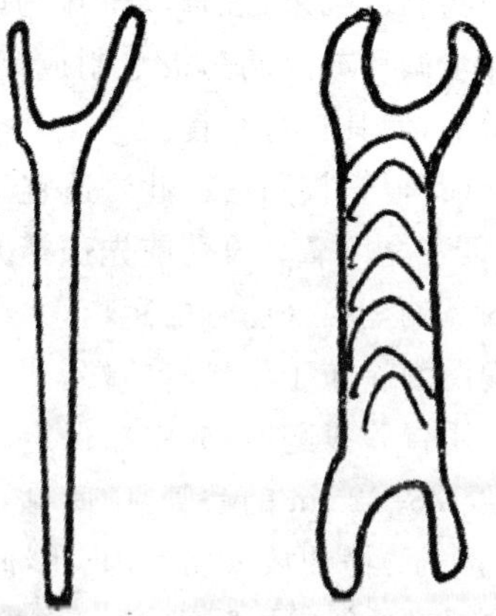

图 6-2　叉棍(左)与板叉(右)

三、貉的给药方法

貉一旦发生疾病，应准确判断病情，及时对症地选用药物，根据病因和症状，选择合理的药物，是减少浪费，降低成本的有效方法。貉的给药方法很多，不同的药物一般各有规定的给药方法，运用时应根据药物的剂型、剂量及病状选用。

1. 经口投药法

这是貉广为采用的一种方法。特别是对胃肠疾病更为适用，药物不仅吸收后起作用，还可以直接在局部发挥作用治疗貉病的药物，多数经口投药。

(1)拌料法　对有饮食欲的貉，而且所服药物又无特殊异味，为节省捕捉上的麻烦，可采用此法。为了使貉能顺利吃完药物，应事先让貉绝食一顿，然后将药物拌入适口性好的少量饲料中供貉自由采食。在大群投药时要特别注意把药物和饲料混匀，防止采食不均，造成药物中毒。最好每只貉单独喂给。

(2)舔食法　当病貉食欲不佳，而且药物异味较大不宜时，可将药物制成细末，混合以矫味剂（肉汤、牛奶、白糖或蜂蜜）放乳钵内加水调和或放调药板上制成糊状，用木棒涂于病貉舌根或口腔上腭部，使其自行舔食。

(3)胃管投药法　此法适宜于大量投入水剂类药物，不浪费药物，且安全可靠。投药前先选择大小合适的胃导管，用胃导管测量貉的鼻端至第 8 肋骨的距离，并在胃导管上做好记录，用液体石蜡等润滑剂涂布于胃导管前端。

用胃管投药时，先将貉保定，然后将开口器（为一长约 16 cm，内径 1.5～2 cm 的铁管，中间钻 1 圆孔，两端有可以滑动的铁环，拴上绳子）横伸放入貉口内，用绳子将开口器两端铁环拴系在貉的上颌部或耳部或耳后部。接着把涂好润滑剂的胃导管（用女用导尿管）从铁管中间的圆孔慢慢插入口腔，到达咽部时，轻轻抽动，当貉产生吞咽动作时，随即将胃导管插入食管。此时，应判定胃导管是否进入食管。当确认胃导管的确在食管内，再继续把胃导管插向深部，直到标记处。之后，在胃导管的游离端接上漏斗，倒入药液。灌完药后，拔去漏斗，向管内吹口气，使管内药液全部进入食管及胃内，然后轻轻抽出胃导管，再取下横置于貉口腔内的开口器。

2. 注射法

(1)肌内注射　适用于药量小、无刺激性或刺激性较小和吸收较困难的药液（水剂、混悬剂等）。有些疫苗也可作肌内注射。肌内注射应选择肌肉丰富，神经、血管较少的部位，如臀部、大腿内侧及外侧肌肉较厚处。其方法是将貉适当保定，局部用 70%酒精充分消毒，左手食指和拇指将注射部皮肤绷紧，右手持注射器，将针头垂直刺入注射部位肌肉 1～2 cm，然后抽拔活塞检查有无回血，确认无回血时方可注射药液；若发现回血，则应变换刺入位置，以免药液注入血管内。每点注射 2～3 mL，最大不能超过 5 mL。注射完毕拔出针头后，用碘酊消毒，并轻压针孔。肌内注射时应注意以下两点。

①针头不要全长刺入肌肉内，以免折断。

②强烈的刺激性药物如氯化钙和高渗性盐水等不能作肌内注射。

(2)静脉注射　主要适应于大量补液、输血或刺激性较强的药液等。静脉注射多选择易保定、便于操作的部位，如后肢的隐静脉(后肢的外侧)。静脉注射时，令貉侧卧并适当保定，注射部消毒后，用橡皮捆扎注射部上方或用手紧紧压迫静脉，使之怒张。之后，右手用医用头皮针或注射器，沿静脉血管使针头与皮肤呈30°～45°角，刺入皮肤和血管内。接着按压输液管或轻轻抽拔活塞，观察是否回血。如见回血，则证明刺入血管，再将针头与血管平行向血管内伸入，然后解除压迫，固定好针头进行滴注或缓慢注射药物。若不见回血，应将针头退至皮下找准静脉再刺入，不可在皮下乱刺，以免引起血肿。注射完毕，拔出针头，用碘酊消毒，并轻压针孔片刻，防止出血或血液渗入皮下而导致皮下血肿。静脉注射时应注意以下几点。

①扎针要准确，避免多次扎针，引起血肿和静脉炎。

②当针确实进入血管，并见回血，须排净注射器和胶管内的气泡，然后方可进行注射。

③注入大量药液时，注入速度不宜过快。冬季天气寒冷时，注射的药液须加温。

④注射氯化钙等刺激性较强的药物时，应防止其漏出而引起组织发炎和坏死等。

(3)皮下注射　注射部位可选择皮肤疏松、皮下组织丰富而又无大血管处为宜，貉常在肩胛前缘及后腿内侧。消毒后，以左手拇指、食指和中指提起皮肤，使之成三角形皱褶，右手持注射器针头沿皱褶的基部，刺入1～2 cm，放开左手，注入药液。注射完后拔出针头，用碘酊消毒，并轻压注射部，以防出血和药液自针孔外渗。

皮下注射时应注意以下几点。

①当正确刺入皮下时针头可自由活动，如针尖刺入肌肉内，则针不能左右摆动。

②抽动活塞如有回血时，表明刺入血管内，应立即稍向后退出，避开血管，防止将药液或疫苗直接注入血管。适用于少量药液，可能引起一定程度的疼痛及刺激。刺激性药物及油类药物不宜，否则易造成皮炎或硬结。

③对无刺激性的药物或需要快速吸收时，可采用皮下注射法。

第四节　貉疾病的综合防治技术

疾病防治是关系到养貉场经济效益高低和生死存亡的大问题，养貉场必须坚持“预防为主”的方针，结合具体情况及疫病防治原则制定合理而有效的措施。实践证明，要做到科学的饲养管理、提高貉群的健康水平和抗病能力、杜绝疾病传播与蔓延、降低发病率与死亡率，须建立科学的防疫体系，严格认真地做好平时的预防工作、定期消毒和驱虫工作。一旦发生疫病，要采取综合性防控措施，使疫病得到及时控制。

一、严格隔离

将貉控制在一个有利防疫和生产管理的范围内进行饲养的方法称为隔离。隔离是国内外动物养殖普遍采用的最有效的基本防疫措施之一。

1. 隔离设施

养貉场场址选择应依据本地地理位置、地形地貌和水温气象资料来进行。理想的养殖场应建在背风向阳、地势高燥、不受洪涝灾害影响，有利于排污和污水净化，较为偏僻易于设防的地区。大型养貉场必须有一个安全的生物环境，远离各种饲养场及其产品加工场、城镇居民区和村落，与交通干道、河流和水渠、污水沟等保持足够距离。养貉场生产区内不同貉群应实行隔离饲养，相邻圈舍间应保持相应距离，生产区只能设置一个专供生产人员和车辆进出的大门。生产区下风向处设立患病貉隔离治疗区、引入种貉的隔离检疫舍、尸体剖检及处理设施。有条件的还应在圈舍内安装防鸟、防鼠设备等。场区外围应依据具体条件使用隔离网、隔离墙、防疫沟等建立隔离带，以防野生动物、家畜及无关人员进入生产区。

2. 隔离制度

为了使隔离措施得到贯彻落实，必须根据本场条件制定严格的隔离制度。养殖场工作人员进入生产区要更换工作服和和鞋帽，原则上谢绝参观。在生产区外设专门的圈舍供交易经营用，场外车辆、用具不准进场。各圈舍用具、工作服、鞋严格分开使用，定期消毒。饲养人员坚守岗位，不得串圈舍，搞好笼舍内外环境卫生，每天清扫，定期消毒，发现疫情随时消毒。养殖的各种用具如饲槽、饮水器、运料车、铲、桶等，需每天刷洗，定期用百毒杀、漂白粉水、次氯酸钠等消毒。养殖场大门门口应设消毒池，主要用于消毒过往车辆的轮胎；在圈舍舍、患病动物隔离舍、隔离检疫舍门口应放浸有消毒液的麻袋片或草垫（消毒药可用 2%烧碱水、1%复合酚液或百毒杀），每周更换 1 次。场内禁止饲养其他动物及禁止携带动物、动物产品进场。新购入种貉和病貉要严格隔离。另外，加强粪便与死尸处理的管理。

3. 全进全出

“全进全出”即同批貉同期进一栋貉舍（场），同期出一栋貉舍（场），貉全部调出后，经彻底清扫消毒后空闲 1 周再进下一批貉。在每次搬迁隔离前对貉进行监测，清除病貉和可疑个体，这样有利于消灭原貉群中存在的病原体，防止循环感染。实践表明，采用全进全出饲养工艺，结合严格的隔离制度，可以消灭上批貉留下的病原体，给新进貉提供一个清洁的环境，进一步避免循环感染和交叉感染。

二、加强饲养管理，增强貉的抗病力

1. 科学投喂

在整个养殖过程中，提供品种多样、营养丰富、清洁卫生的饵料。投饵量应适当，根据貉的大小、数量、温度等情况灵活掌握。投饵坚持“定时、定点、定质、定量”等原则，使貉养成定时进食、定点摄食的好习惯，同时防止貉贪食而造成“伤食”影响健康。随时清洗饲饲喂器具，清除残余饲料。在饲养过程中，细心观察貉的生长发育、换毛、繁殖等情况，并依此进行饲料配方的适当调整。

2. 禁止从疫区采购饲料

有很多传染病，如犬瘟热、狂犬病、伪狂犬病、鼻疽、炭疽、结核、巴氏杆菌病、肉毒梭菌病、布鲁氏菌病等是家畜和貉的共患传染病。从疫区采购患病的肉类饲料，会引起疫病暴发流行。

3. 预防饲料中毒

貉饲料中毒多因饲料储存、调制不当、喂量过多而引起，常常给养貉生产造成严重损失。当怀疑貉大批发生饲料中毒时，在没有进一步确诊前，须采取隔离措施防止误诊而造成传染病的发生和蔓延；应立即停喂可疑饲料，改喂其他优质饲料或禁食，并及时使用药物对症治疗。貉对霉菌毒素敏感，长期摄入霉菌毒素后，机体免疫功能和抵抗力会降低，从而易患某些传染性疾病。在雨季或高温季节，可在饲料中加入防霉剂。为预防貉饲料中毒，不得用有毒的植物、霉变的饲料、变质的糟渣、带毒的饼粕饲喂，不饮被工业“三废”、农药污染的水。肉类饲料加工前要清除杂质，如泥沙、变质的脂肪（发黄变绿的）、毒鱼等，然后用清水充分冲洗后，方可进一步加工。应定期对饲料和饮水进行微生物学和毒物学检查，侧重检查是否含有沙门菌、霉菌毒素等有害物质，饮水中大肠杆菌等细菌数是否超标。

4. 小心操作

在捕捉、运输等操作过程中，要谨慎小心，避免貉受伤，受伤后要及时用药。此外，养殖笼、小室要求表面光滑，避免擦伤貉的体表。

5. 降低应激反应

貉应激过于强烈或持续时间过长，机体抵抗力降低，易引起疾病的感染甚至爆发。因此，在养殖过程中或养殖系统中，应积极创造条件降低貉应激反应。

6. 搞好环境卫生

适宜的饲养环境对养貉生产十分必要。适宜的温度、湿度、光照能更好地发挥貉的生产性能。应注意保持笼舍清洁舒适，通风良好，冬天能保温防寒，夏天凉爽防暑，舍内合理空气流通，降低病原微生物及有毒有害气体的含量，更有利于健康生产。笼舍、场地及用具等应保持清洁、干燥，每天清除笼舍、场地的粪便及污物。为防止环境污染，对养貉场的粪便污水应进行无害化处理。粪便要经发酵进行无害处理，稀薄粪便用发酵池发酵，干粪用堆积发酵。污水的处理可化学药品处理法貉每天都需要大量的饮水，水的需要量与饲料性质、气候条件不同而不同。有条件时，应设置自动给水装置，满足饮水量和饮用水清洁无污染，保证貉正常代谢，维持健康水平。老鼠、蚊、蝇等是病原体的宿主和携带者，能传播多种传染病和寄生虫病。及时清除圈舍附近的垃圾堆、乱杂草丛等；定期洗、冲、消毒污水沟；适当使用灭鼠、灭蚊蝇的工具和药械，搞好环境卫生，防止疫病发生和流行。

三、科学消毒

消毒是采用物理学、化学、生物学手段杀灭和减少生产环境中的病原体的一种重要技术措施，其目的在于将存在于机体表面及养貉场环境中的病原菌的数量减少到无害程度，杜绝疫病发生与流行，是综合性防疫措施中最常采用的重要措施之一。在养貉场大门及各区域和各排笼舍入口处，应设消毒设施，如车辆消毒池(图 6-3)、脚踏消毒池、喷雾消毒室、更衣换鞋间等。装设紫外线灯，应强调安全时间，以 3～5 min 为宜。大型集约化养貉场，卫生防疫制度更应严格。进入生活管理区的外来人员，先在大门入口处的消毒通道进行 1∶800 的强力克毒威或 0.01％百毒杀喷雾消毒，再到更衣室用肥皂水洗手后，换上防疫服及胶靴、戴上帽子，再次经消毒通道消毒后才允许进入场内。本场人员经两次喷雾消毒后才允许入内，休假返场人员还应将所带物品立即入库熏蒸消毒。一般场外运行的车辆不准进入生产区，场内应有自备的车辆，如场外车辆必须进入生产区时，车轮一定要在消毒池内滚动一周以上。圈舍消毒的步骤一般为清除污物、彻底清洗、喷洒消毒药液 3 个程序。消毒前须彻底清扫场、舍内外的环境卫生，空舍消毒时，先将舍内粪便、垫料、尘土、污物等全部清扫干净，然后用水冲洗附着在墙壁、地面上的有机质，再用 10％～20％石灰乳或 2％～3％的热火碱水进行喷洒消毒。一般先进行机械清扫，彻底清除污物后，再用清水冲洗干净，干燥后喷洒消毒药液，如已知舍内动物有传染性

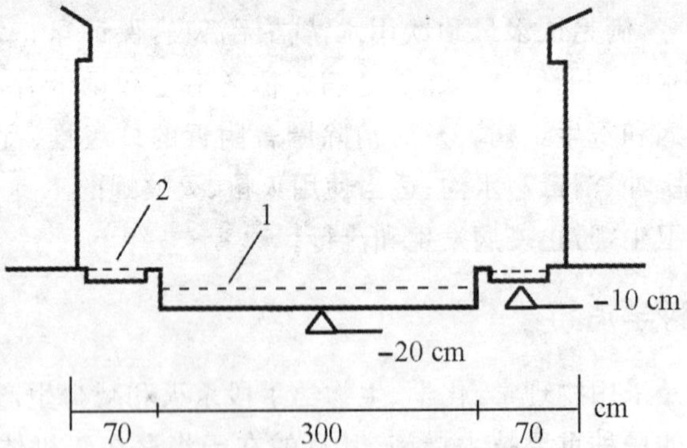

图 6-3 消毒池截面图

1. 车辆消毒池 2. 脚踏消毒池

疾病，则首先应使用消毒药液进行洗刷，然后用高压动力喷射器喷射高强力药液，此法迅速可靠，可省去清洗过程。养殖用具消毒包括对场内刀、盆、盘、桶、饲槽、水槽、蛋巢、清扫用具等都要定期进行清洗消毒，通常先洗刷干净、晾干，然后浸泡在0.05%～0.1%新洁尔灭液或0.1%高锰酸钾液内2～3 h，取出用清水冲洗干净、晾干后使用。死貉和剖检场地要严格消毒。病死尸体经剖检后要深埋1 m以下或焚烧，剖检场地要彻底消毒，不得马虎大意，否则，一旦有传染源，将会造成大批传播。

四、免疫接种

免疫接种是激发貉机体产生特异性抵抗力，使机体对某种传染病从易感转化为不易感的一种手段。有组织有计划进行免疫接种是控制貉传染病的重要措施之一。尤其是对于病毒性疾病等一些药物不能预防或预防效果不很理想的疾病。免疫程序是免疫接种的次序，包括疫苗种类、动物类别、接种时间、方法、剂量、次数，并考虑母源抗体的影响。预防接种应有周密的计划，为了做到预防接种的有的放矢，应该对当地各种传染病的发生和流行性情况进行调查。药养貉场免疫程序要根据所处地区及养貉场具体情况来确定，免疫程序的制定，应该至少考虑以下8个方面的因素：国内及周边地区疫病的流行情况、本场疫病的历史流行情况、本场的生产管理水平及防疫设施情况、毛皮动物的群体健康状况及抗体水平消长情况、特定疫病的流行特点、饲料中添加药物的情况、母源抗体的因素、疫苗的特性等。养殖场(户)在购买疫苗时一定要了解疫苗运输和保存的条件及方式，以免因采购了不合格的疫苗，而造成免疫失败，造成不必要的损失。

五、药物预防与驱虫

药物预防是为了控制某些疾病而在貉饲料、饮水中添加某些安全的药物,达到机体的化学预防目的。养貉场可能发生的疫病种类很多,其中有些病已有了有效疫苗,还有不少病尚无疫苗可供使用,因此,药物预防这些疫病也是一项重要措施。各养貉场应结合自身的实际情况,制定适合本场的药物预防程序,坚持定期进行各类抗生素的药敏试验,筛选出当期预防效果最佳的药物,根据不同季节气候的特点,在饲料中添加预防性药物,减少发生细菌性疾病的机会。在使用药物添加剂预防疾病发生中应绝对禁止乱用药和滥用药,任何一种药物或同一类型的药物的不得长期使用或使用过量。

药物驱虫是貉保健工作不可或缺的一部分。为了预防寄生虫病,应给动物群进行预防性驱虫。优良的驱虫药具有广谱、高效、安全、持效时间长且使用方便等优点,常用的驱虫药有左旋咪唑、丙硫苯咪唑、硫苯咪唑等,均是较理想的驱除内寄生虫药物,但对外寄生虫无效;阿维菌素、伊维菌素、多拉菌素等是较理想的驱除体内外寄生虫药物。驱虫工作应注意以下几点。

①驱虫应在隔离条件的场所进行,以便于粪便收集和清扫,防止虫体和虫卵污染貉舍。

②动物驱虫应有一定的时间间隔,直到被驱出的病原体排完为止。

③驱虫后的粪便应集中处理,做到“无害化”。否则现有的驱虫药只能驱除虫体,不能杀灭虫卵,动物驱虫后排出的虫卵会污染猪舍称为新的污染源。

④为提高驱虫效果,要正确使用驱虫药,一般在第 1 次用药后 1 周再用药 1 次。

六、严格检疫检验

检疫是应用诊断的方法(临床或实验室),对貉及其产品进行疫病(主要是传染病和寄生虫病)检查,并采取相应措施,以防疫病的发生和传播。

1. 入场检疫

应提倡自繁自养，以减少疫源传入。但为了不断更新品种防止近亲繁殖，还要从无疫场引入旁系种兽。养貉场(户)引进种貉时，只能从非疫区引进，须经当地兽医检疫部门检疫，并签发检疫合格证明书。运抵目的地后，再经本场(户)所在地兽医验证，检疫并隔离观察1个月以上。检疫的一般方法是，在进行流行病学调查的基础上，将被检动物隔离在安全的检疫舍内，通过感官或借助仪器对貉的精神状态、毛被、运动、饮食、呼吸及大小便等情况每天进行检查。若在1个月以上的检疫期内无明显症状表现，并按农业部重点疫病监测方案和本场需检疫病项目检测结果为阴性者，即可认定为无疫。经驱虫后，方可进入入本场健康貉群。否则，应按病貉进行就地无害化处理。此外，养殖场所有饲料和用具，也要从安全地区购入，以防疫病传入。

2. 定期检疫

规模化养貉场应定期对貉群进行某些传染病的检疫，发现疫病时，采取相应措施，如扑杀、隔离治疗等，防止其在貉群中扩大传播。

七、发生传染病时及时采取措施

貉一旦发生传染病，应立即采取紧急措施，就地扑灭，防止疫情扩大。

1. 控制传染来源

当发生传染病或疑似传染病时，应立即向有关部门报告疫情，以便组织人力调查，共同会诊，确定病性，及时采取紧急防治措施。发病场所有的动物必须进行全面仔细检查，患病动物及可疑患病动物应立即隔离观察和治疗，这是控制传染源的重要措施。根据疫病种类和实际情况，划定疫区，进行封锁。在疫区封锁期间，应禁止动物活体及其产品交易活动。直到最后1只动物痊愈(或死亡)后,经过该病的最长潜伏期,再无新的病例出现,经全面彻底消毒后,方可解除封锁。对同群尚未发病的貉及其他受威胁的动物,要加强观察,注意疫情动态。可根据病的种类,进行隔离治疗或淘汰急宰。

2. 切断传染途径

病貉及其隔离场所、用具、圈舍、粪便及其他污染物等必须进行严格彻底消毒及无害化处理。病死动物尸体要焚烧或深埋,不得随意抛弃。没有治疗价值的病貉,根据国家规定进行严格处理,如烧毁、深埋或化制后作工业原料等。

3. 保护易感貉

必须对所有受到传染威胁的貉群体进行观察和检查,对病貉和可能已受到感染的潜伏期的貉必须在严格消毒的情况立即隔离,观察或淘汰处理,不宜再接种疫苗。对假定健康貉及受威胁的健康貉应立即进行紧急免疫接种,保护动物免受传染。从理论上讲,紧急接种应先接种免疫血清或卵黄抗体(被动免疫),经1～2周后再接种疫苗(主动免疫)。但在实践中,由于血清供应受到限制、价格高,卵黄抗体在现阶段又均属非正规产品等原因,故一般都选择毒力弱或无毒力株的、免疫期短(不超过7 d)的疫苗直接接种免疫,对控制疫情扩大、减少经济损失的效果比较确实。在紧急接种中,对貉群的年龄和体况强弱组成,以及病的流行动态和疫苗、血清、卵黄抗体的性质等都要有所了解,并在接种后要密切观察反应,对发病貉(潜伏感染而应激发病)要及时采取隔离扑杀等措施,并作严密的消毒处理。对目前尚无菌苗的细菌性传染病,可在饲料中加入抗生素或其他抗菌药物进行药物预防,一般饲喂5～7 d。同时加强饲养管理以提高药用动物的抵抗力。

第七章　貉常见疾病的防治

第一节　貉常见传染病的防治

一、犬瘟热

犬瘟热是由犬瘟热病毒引起的一种急性、热性、高度接触性的急性传染病，其主要表现为双相热（双峰热）、眼、鼻、消化道等黏膜炎症，以及卡他性肺炎、腹泻性肠炎、皮肤湿疹，偶有神经症状。

1. 病原与流行病学

犬瘟热病毒属副黏病毒科，麻疹病毒属，有很强的抵抗力，在干燥的环境中能存活 1 年。在 2％氢氧化钠溶液中，30 min 失去活性，在 3％氢氧化钠溶液中立即被杀死，1％来苏儿溶液中经数小时变为无害，在 3％福尔马林和 5％石炭酸溶液中均能很快被杀死。犬科动物犬、狼、狐狸、貉以及鼬科动物水貂、獾、鼬鼠等对犬瘟热易感。不同年龄的动物，对本病感染性有明显差异，幼貉，特别是断乳后 2.5～5 个月龄的幼貉最易感，死亡率达 80％～90％，成貉抵抗力强，死亡率达 30％～50％。本病的传染源主要是病犬、病貉和带毒动物。此病可经消化道和呼吸道传播，也可通过眼结膜和胎盘感染。与病毒携带者直接接触，或接触污染的饲料、饮水、垫草、用具、饲养人员的工作服、手套，兽医人员的体温计、注射器及注射针头等，均可感染此病。国内养貉场发生本病多数是由于周围村落的全发生了犬瘟热，传染给貉的。本病没有季节性，一年四季均可发生，秋冬发病率较高。

2. 临床症状

患病貉体温两次升高，即呈双相热型。病初体温升高达 40℃以上，持续 2～3 d 后降至正常，经 2～3 d 无热期后体温再次升高。第 2 次体温升高时，症状加重。病貉精神沉郁，食欲废绝，消瘦，脱水，可视黏膜发绀，发生眼结膜炎或角膜炎。有时有脓性结膜炎和溃疡性角膜炎变化。有些貉发生呼吸道症状，病貉咳嗽，打喷嚏，流浆液性至脓性鼻汁，鼻镜干燥，呼吸急促，表现肺炎和支气管肺炎症状。有些病貉出现消化系统症状，呕吐，便秘或下痢，粪便恶臭，混有血液和气泡。有时皮肤表面有红斑、丘疹，足掌和鼻翼皮肤增厚。病至后期，病毒侵入大脑，病貉出现癫痫、痉挛、抽搐等神经症状。本病如得不到及时治疗，多预后不良。慢性病貉则出现全身性皮炎，有糠麸样皮屑，脚掌炎性肿胀。

3. 诊断

根据流行病学资料和临床特有的结膜炎，鼻炎，皮炎和神经性症状提出对本病的怀疑。病死貉的膀胱黏膜细胞内可见包涵体。条件允许可进行膀胱黏膜刮取物的涂片染色检查，观察病毒包涵体，以便确诊。有条件者可运用实验室的病毒分离法、血清免疫法、生物学接种法进行诊断。

4. 治疗

目前尚没有特效药物疗法，用抗生素治疗无效。发病早期首先注射大剂量的抗犬瘟热血清 4～10 mL，3 d 后再用一次。为防止病菌继发感染，可配合使用磺胺类药物和抗生素药物控制并发病，以延缓病程，促进痊愈。如庆大霉素，每次 8 万 U，每天 2 次，乳酸环丙沙星每次 10 mg，每天 2 次。无食欲的以 5%葡萄糖生理盐水输液，腹泻严重的静脉输入 5%碳酸氢钠 5～10 mL。此外，干扰素、转移因子、病毒唑、黄芪注射液等对犬瘟热的治疗都有协同作用，可抑制病毒蛋白的合成。尸体要深埋或焚烧。

5. 预防

预防本病的有效方法是接种疫苗，目前我国制备的犬瘟热疫苗均为活毒疫苗，免疫持续期限定在 6 个月。通常于每年 1 月中旬前对种貉群进行一次免疫，剂量为每只皮下注射 3 mL；第 2 次免疫是在仔貉断乳后 15～21 d，连同成年貉同时接种。由于仔貉出生日期不一，因此最好不要同步接种，15～30 d 再加强免疫一次。各养貉场应尽量做到自繁自养，严禁将个人养的犬带到养貉场，尽量控制外人的进入，在外界有该病流行期间养貉场工作人员最好不要外出。平时要搞好貉体、笼舍卫生，避免与外来犬接触，发现病貉及时隔离治疗，其他貉注射高免血清作紧急预防，有一定效果。

二、病毒性肠炎

貉病毒性肠炎传染病，又名传染性出血性肠炎，是由犬细小病毒引起的一种出血性肠道急性传染病，以胃肠黏膜发生炎症及坏死变化为特征。

1. 病原与流行特点

病毒性肠炎是由犬细小病毒引起的，在室温下，0.5％福尔马林、苛性钾或苛性钠溶液 1 d 内可使病毒失去活力。病貉、隐性带毒貉和带毒的动物是本病的主要传染源。病毒经病貉的粪便、尿液等排泄物排出，污染周围环境，使易感貉发病。犬细小病毒对各种理化因素有较强的抵抗力，病毒毒力可保持 1 年。含有病毒的器官和粪便，干冷冻状态下 1 年不减低其毒力。所以一旦发病，很难彻底清除。病毒主要随感染动物粪便排出扩散污染环境、饲料、水源，并经消化道感染。本病多发于 7～9 月份，一经污染就很难清除，常呈地方性流行。刚断乳的幼貉发病率较高。

2. 临床症状

一般先呕吐，后腹泻，排粪频繁，先呈黄色或灰黄色，而后变为番茄汁样及血样的腥臭粪便。病貉行动迟缓，喜卧，厌食，体温升高到40～41.5℃，喜饮水，眼球下陷，眼角有黏稠眼眦，继而迅速脱水，急剧的进行性衰弱。后期体温下降，大便失禁，麻痹，抽搐而死。病程短则1～2 d，长则5～6 d。也有的病貉仅表现出间歇性腹泻或排软粪，也有的体温始终不高，淋巴结肿大，口腔发生小疱，破裂后形成溃疡。检查血清可见血清蛋白量下降。白细胞剧减，病初4～5 d内，每立方毫米常在3 000个以下。少数能耐过，多为发育不良或呈僵貉，即使长大，也多不能繁殖。

3. 诊断

根据临床症状和病程发展极为迅速查，白细胞下降程度可初步确诊。刮取小肠黏膜涂片，或采取肠病变组织制成病理切片，染色后镜检，可见到肠黏膜上皮细胞和肠腺细胞内的包涵体。

4. 治疗

目前，本病无特效药，一般采取对症疗法。由于本病发病迅猛，发生本病时应及时采取综合性防疫措施，隔离病貉。首先应对全群进行紧急接种，由于该疫苗注射后产生抗体较快，因而免疫后7～15 d流行即停止。该疫苗为灭活疫苗，因而对处于潜伏期感染貉也同样会产生一定的免疫保护。紧急接种的剂量可为正常免疫剂量的2倍。为防止病貉肠道菌继发感染，可选择使用庆大霉素、氯霉素、诺氟沙星、卡那霉素、乳酸环丙沙星、黄连素、穿心莲等注射。脱水严重时，输入复方氯化钠溶液100～200 mL。为防止心肌炎发生，还要考虑使用病毒灵、ATP及辅霉A。由于病貉在出现症状的早期，从粪便中大量向外排毒，因此，及时清除貉粪便并做适当处理，如深埋、生物发酵等十分必要，可有效地阻断病原扩散。同时，对貉舍及用具等用2%～4%火碱水或10%～20%漂白粉反复消毒。

5. 预防

预防本病应定期接种貉传染病肠炎灭活疫苗。

三、狂犬病

狂犬病，又名恐水症，俗称疯狗病，是由狂犬病病毒引起的人兽共患的急性接触性传染病。临床上主要表现为各种形式的兴奋和麻痹症状，救治不及时死亡率极高。

1. 病原与流行特点

狂犬病病毒为弹状病毒科、狂犬病毒属病毒，其对石炭酸和氯仿有较强的抵抗力，在1%～5%福尔马林溶液中经10 min可被杀死。在自然条件下，所有温血动物对狂犬病毒都有易感性。病狗及带毒的家畜和野生动物（犬科、猫科动物）是本病的传染来源，没有年龄和性别的差异。本病传播途径是咬伤后带毒唾液进入创口而感染，其流行的连锁性特别明显，以一个接一个的顺序呈散发形式出现。貉患病主要是由窜入养貉场的带毒狗或其他带毒兽咬伤所致。本病一年四季均可发生，在春夏季发病率稍高。

2. 临床症状

伪狂病的病貉主要表现为狂暴不安和意识紊乱。病初表现精神沉郁，举动反常，常在笼内不时走动或奔跑。有的则蹲在小室内。病貉食欲减退，呈现大口吞食而不下咽，粪便干涸多为球形，流线不明显，口端有滴水，体温无变化。随着病情发展，兴奋性增强，狂躁不安，在笼内疾走或奔跑，啃咬笼网，攀爬笼网，扑人或攻击邻笼动物，食欲废绝，凝视，眼球不灵活。后期病貉出现麻痹症状，行走困难，最终因全身衰竭和呼吸麻痹而死。死前体温下降、流涎，舌麻痹露出口外。

3. 诊断

根据病貉高度兴奋，食欲反常、后肢麻痹，胃内存有异物等临床症状，结合本地有狂犬病流行即可初步诊断。确诊需要做实验室诊断。

4. 治疗

本病尚无治疗方法，疑为本病时应向当地的畜牧主管部门上报疫情。临床症状明显的病貉，无法治愈，应予扑杀。病貉不准剥皮吃肉，须深埋或烧毁。如确认貉患此病，应采用不放血的方法，捕杀，然后 2 m 以下深埋，或焚烧以及作工业处理。

5. 预防

预防本病主要是接种狂犬疫苗（或五联苗）。购入未接种疫苗貉应隔离观察几个月。治疗咬伤貉时，让伤口大量出血，因为流出的血液可以将病毒从组织中冲走，同时应用消毒剂如 0.1%升汞水、3%石炭酸、碘酊。人被病貉咬伤时要及时治疗，被咬伤的人，应迅速以 20%肥皂水冲洗伤口，并用 3%碘酒处理，还要及时接种狂犬病疫苗。

四、伪狂犬病

伪狂犬病，又称阿氏病，是由伪狂犬病病毒引起的多种动物共患的一种急性传染病。临床表现以发热、奇痒和脑脊髓炎为特征。患病动物几乎均在急性病程之后以死亡告终。

1. 病原与流行特点

伪狂犬病病毒为孢疹病毒科，孢疹病毒属，其对外界环境抵抗力很强。伪狂犬病是疱疹病毒中感染范围广、致病性强的一种，除引起家畜发病外，貉、水貂、狐狸和熊类也能感染发病。本病主要通过飞沫、摄食和创伤感染。猪和鼠是本病的重要传染源。貉自然感染主要是与带毒猪接触或吞食感染本病的病猪、病鼠内脏，由消化道感染；亦可通过皮肤伤口感染。感染发病后几乎 100%死亡。本病没有明显季节性，但以夏秋季多见，常呈暴发流行，初期死亡率高。

2. 临床症状

伪狂犬病的潜伏期 3～6 d。病貉拒食，流涎，呕吐，精神沉郁，对周围事物反应冷漠，舐擦皮肤某一痒处。随后痒觉增加，剧烈搔抓，不久形成烂斑，周围组织肿胀，甚至破损。由于侵害中枢神经，常引起四肢麻痹。个别病貉有攻击行为，狂叫不安，流涎，吞咽困难。

3. 诊断

根据流行特点和临床特征可做出初步诊断，确诊可采取大脑、延脑、小脑、海马角、肝、肺等病料置于50%甘油盐水中送实验室检查。

4. 治疗

目前尚无特效疗法。早期应用抗伪狂犬病病毒的高免血清有较好效果。

5. 预防

预防本病应加强灭鼠，禁止饲喂病猪肉。日常严防猫、狗窜入场内，并加强灭鼠，搞好貉舍卫生，用0.1%火碱消毒貉舍和貉粪。人接触病貉时要搞好自身防护，以防病貉攻击。

五、巴氏杆菌病（出血性败血症）

巴氏杆菌病是多杀性巴氏杆菌引起的一种畜禽、野生动物和人共患的一种急性败血性传染病，以败血和内脏器官出血为主要特征。

1. 病原与流行特点

貉巴氏杆菌病的病原体为多杀性巴氏杆菌。本菌抵抗力不强，50℃时30 min杀死，58℃时20 min杀死，煮沸立即死亡，但能忍受零下70℃冷冻而不死亡。3%来苏儿，1%石灰乳和1%漂白粉溶液经3～10 min杀死。本病的主要传染源是饲喂患有巴氏杆菌的畜、禽和兔肉及其副产物，通过消化道，呼吸道及损伤的皮肤和黏膜而感染。尤其以患有巴氏杆菌病的禽类最为危险。被巴氏杆菌污染的其他各类饲料及饮水亦能引起本病的流行。各种年龄的貉均可感染本病，但以幼龄貉最易感。本病发生没有明显的季节性，以春、夏和秋季多发，冬季少见。

2. 临床症状

本病多呈急性经过，有的貉未看出病状，就突然死亡。病程一般 12 h 至 2～3 d，个别的达 5～6 d。病流行初期死亡率不高，经 4～5 d 后显著增加。病貉表现鼻镜干燥，体温升高，精神沉郁，拒食，口渴，腹泻，粪内有血液和黏膜，迅速消瘦。当神经系统遭受侵害，伴有痉挛而死亡。病貉身体各实质器官黏膜，浆膜出现出血点。

3. 诊断

根据流行病学和病理解剖，可以作为诊断的指征，进一步确诊，必须作细菌学和生物学试验。

4. 治疗

一旦发生了该病，必须尽快查清病原，更换饲料，隔离消毒。特效治疗是注射抗家畜巴氏杆菌高度免疫的单价或多价血清。成年貉皮下注射 2～3 mL，1～3 月龄幼貉 1～1.5 mL。药物治疗可选用溶性新霉素 100 mg/(只·d)，连用 5 d；或碘氨嘧啶 25 mg/(只·d)，加氟苯尼考 45 mg/(只·d)，连用 5 d。

5. 预防

预防本病需加强饲养管理，严格检查饲料，特别是禽类副产物。可疑饲料应加热煮熟后喂。有条件的兽场，应提前进行菌苗接种。

六、大肠杆菌病

大肠杆菌病是由致病性大肠杆菌引起的一种急性肠道传染病，主要侵害幼龄貉。临床上以发生败血症和腹泻为主要特征。

1. 病原与流行特点

大肠杆菌为革兰氏阴性杆菌，一般消毒剂(如石炭酸、3%氢氧化钠、福尔马林)经 5 min 即可杀死。对庆大霉素、红霉素、多黏菌素敏感。大肠杆菌病一年四季均可发生，主要发生于 1 周龄以内的仔貉。本病发生与不良的饲养管理有着密切的关系。如貉舍卫生条件差，哺乳不足，天气突变，长期阴雨等环境因素的影响，使仔貉抵抗力降低，导致发病。从发病仔貉排出的大肠杆菌，其毒力增强，健康貉通过消化道感染而发病。一窝中有一只仔貉发病，很快可引起全窝发病。

2. 临床症状

仔貉表现为精神沉郁，不吃乳，衰弱无力，体温不高或稍低，四肢末梢发凉。最明显的症状是腹泻，排绿色、黄绿色或黄白色、混有凝乳块和气泡的腥臭稀粪，肛门周围及尾部被粪便污染。后期出现脱水症状，体温降低，行走不稳，皮肤弹性降低，黏膜发绀。临死前，有的病例出现神经症状，表现为阵发性全身抽搐，四肢强直，角弓反张，口吐白沫。成年母貉患本病常引起流产和死胎。

3. 诊断

根据流行病学和临床症状、病理解剖，可以作为诊断的指征，进一步确诊须作细菌学和生物学试验。

4. 治疗

发病后，立即排除可疑致病因素，切断传染源，用大剂量的磺胺类或抗生素药物治疗或预防，一般能很快控制本病。可选用恩诺沙星、环丙沙星、庆大霉素、黄连素、磺胺脒等药物进行治疗。但应注意，大肠杆菌易产生耐药性，在条件允许时，应先做药敏试验或几种抗生素联用。另外，对未发病的貉可注射大肠杆菌多价苗，改善饲养环境，调整饲料配方。发病养貉场、貉舍用百毒杀 1∶600 倍消毒液，用具等用 0.1%高锰酸钾溶液浸泡消毒。

5. 预防

日常需加强饲养管理，搞好貉舍卫生，调节饮食，提高貉抗病能力。在健康母貉配种前 15～20 d 内，注射大肠杆菌和副伤寒多价灭活苗，间隔 7 d 注射 2 次。母貉临产前，应及时对产箱清扫消毒。保证仔貉及时吃到初乳，增强免疫力，严防貉误食或舔食不洁物及污水等。健康仔貉可在30日龄起接种上述疫苗2次。平时可定期投喂土霉素、四环素以及0.1%高锰酸钾水溶液让仔貉自饮，可以达到预防目的。

七、沙门氏菌病

沙门氏菌病是由沙门氏菌属致病菌引起的人兽共患常见传染病。临床主要表现为败血症和肠炎，以发热、下痢、体重减轻、肝脾肿大以及妊娠母貉发生流产为特征。

1. 病原与流行特点

毛皮动物沙门氏菌主要是由肠炎沙门氏菌、猪霍乱沙门氏菌和鼠伤寒沙门氏菌等引起，沙门氏菌为两端钝圆的中等大肠杆菌，革兰氏染色阴性。该菌对冷冻有一定的抵抗力，在冷冻土壤中能过冬，但对化学消毒剂的抵抗力不强，一般消毒药，5%石炭酸、0.2%升汞5 min即可杀死本菌。对新霉素极敏感，且不产生耐药性。自然条件下，任何品种、性别及年龄的貉均可发病。断乳后幼貉表现症状严重，死亡率高。病貉和病畜禽的肉、乳、蛋等是本病主要的传染源，貉主要是因为食用被沙门氏菌污染的饲料、饮水，经消化道感染而发病。也有经过呼吸道、生殖道、眼黏膜感染的报道。本病一年四季均可发生，但有明显的季节性，一般发生在6～8月份。当貉群密度大、体质差、投予抗生素扰乱肠道正常菌群及免疫抑制剂、长途运输时，很容易诱发本病。

2. 临床症状

极少数最急性病例，前1 d晚上还完全健康的貉于第2天早晨被发现死亡。急性、亚急性和慢性病例，通常病貉表现精神沉、食欲减退、体温升高和腹泻。大便稀薄如水样，重症貉粪便有血液，黏膜苍白，虚脱，毛细血管充盈不良，休克，死前出现黄疸。部分貉出现后肢瘫痪，抽搐症状。急性胃肠炎可引起肺炎、咳嗽、呼吸困难及鼻出血。此外，妊娠母貉感染后有流产或死胎，出生的仔貉体弱，消瘦。剖检可见肝脏肿大，呈土黄色，胆囊肿大充满浓稠胆汁，有散在坏死灶。脾脏肿大，可达 6～8 倍，个别病例超过12～15 倍，呈暗红色或灰黄色；心包下有密集的点状出血，心肌变性；肠系膜及肝脏淋巴结肿大超过 2～3 倍，呈灰色或灰红色。

3. 诊断

根据流行病学和临床症状、病理解剖，可以作为诊断的指征，进一步确诊须作细菌学和生物学试验。

4. 治疗

首先立即隔离病貉，改善饲养管理，保证病貉得到质量好、易消化、适口性强的饲料。治疗常用以下抗生素治疗：氯霉素、新霉素、左旋霉素、恩诺沙星以及呋喃类、磺胺类药物。但沙门氏菌易产生抗药性，最好分离病菌进行药敏试验后选择用药。为保护心脏功能，可皮下注射 10％樟脑碘酸钠。脱水严重时，林格氏液和5％葡萄糖以 1∶2的混合液静脉滴注。也可加入地塞米松等激素类药物。对病貉使用过的食具，用 5％氨水或 3％氢氧化钠消毒。死亡貉应深埋或焚烧。治愈的病貉一直隔离饲养到取皮为止。饲养员及兽医接触病貉后要注意洗手、消毒。

5. 预防

养貉场应尽量不从外引种，在引进时应注意严格检疫，尤其是在本病净化场更应如此。特异性预防可接种沙门氏菌多价福尔马林菌苗，幼貉可分 2 次，间隔 5 d，每次 1～2 mL，免疫期为 7～8 个月。加强饲养管理，搞好环境及貉舍卫生，禁止饲喂患本病或可疑污染的饲料。饲料中加喂嗜酸菌乳，对预防本病有良好效果。

八、布鲁氏菌病

布鲁氏菌病是由布鲁氏菌引起的人、畜共患的一种慢性传染病。临床上以流产、子宫内皮炎、睾丸炎、腱鞘炎、关节炎等为主要特征。人感染本病常发生波浪热，表现为长期发热、关节病、全身无力。本病已广泛分布于世界各地，有不同程度的流行，患病动物长期带菌，给畜牧业和人的健康带来较大的危害。

1. 病原与流行特点

本病病原为布鲁氏菌，为球状短杆菌，共有 6 个种和 20 个生物型。猪布鲁杆菌生物 1 型和 3 型易感宿主是猪，对人有强的致病性。布鲁氏菌对外界环境因素的抵抗力较强，但对消毒药的抵抗力不强，兽医常用的一般消毒药，如 3%石炭酸、来苏儿、臭药水、5%漂白粉、2%甲醛液、5%石灰水、0.5%洗必泰、0.1%新洁尔灭、消毒净等，都能在较短时间内将其杀死。在自然条件下，布鲁氏菌病的易感动物范围很广，其中是羊、牛、猪。多种动物和人对布鲁氏菌均有不同程度的易感性，毛皮动物中，貂、狐、貉以及犬亦易感。病貉和带菌貉是本病的主要传染源。母貉在流产期间，布鲁氏菌随胎儿、胎水、胎衣排出体外，污染饲料、地面、饮水、垫草及外界环境：布氏杆菌可随病貉的粪便、乳汁、精液、尿排出体外，造成传播。本病的传染途径主要是消化道，即通过采食被污染的饲料和饮水而感染。其次是皮肤、黏膜及生殖道。交配传染，亦是重要传染途径之一。若病公貉精液中有病原体时，人工授精时，可使母貉感染。本病发生通常为地方流行性，流行缺乏显著季节性，但多见与夏秋两季，接近性成熟年龄动物较易感。当饲养管理不良、光线不足、通风不良、养殖密度大、饲料不足等情况下，机体抵抗力降低，可促使本病发生甚至流行。

2. 临床症状

大部分感染貉呈隐性感染，少数貉呈现典型症状。发病时，多呈慢性经过，病貉早期除体温升高、结膜炎等外，无明显可见症状。妊娠母貉表现为流产、产后不孕和死胎。公貉表现为睾丸炎、前列腺炎、包皮炎及淋巴结炎，单侧或双侧睾丸肿大。

3. 诊断

布鲁氏菌病流行病学、临床症状、病理变化均缺乏明显特征，且多数病貉呈隐性感染，因此，在诊断时，应采取多种方法相互配合，才能得出正确诊断结果，确诊须作细菌学和免疫学检查。

4. 治疗

本病无治疗价值，因此，一般不予以治疗。主要采取淘汰病貉来防止本病的流行和扩散。

5. 预防

为预防本病，坚持自繁自养，引进种貉时要严格隔离，确认为阴性后，才可投入生产群使用。应每年定期 2 次进行采血进行血清学监测，发现阳性者一律淘汰。流产胎儿、胎衣、羊水及阴道分泌物应作无害化处理，并且深埋，被污染的场所及用具用 10％石灰乳或 10％漂白粉消毒。曾经发生过该病的阳性养貉场中的阴性貉可用家畜布鲁氏菌疫苗进行预防免疫。注意防止工作人员感染。但不受布鲁氏菌病威胁和已控制的地区，一般不主张接种疫苗。

九、结核病

结核病是由结核分枝杆菌引起的人貉共患传染病，临床上以多种组织器官形成肉芽肿和干酪样的钙化结节为特征。

1. 病原与流行特点

结核分枝杆菌为分枝杆菌属中成员，属专性需氧菌，在自然环境中生存能力较强，尤其对干燥、湿冷的抵抗力很强，在外界存活时间长。对常用消毒药，如 5％来苏儿 48 h，5％甲醛溶液 12 h 才能杀死，而在 70％酒精及 10％漂白粉中很快死亡。本菌对磺胺类药物和一般抗生素不敏感，但对链霉素、异烟肼及对氨基水杨酸和环丝氨酸等有不同程度的敏感性。结核杆菌能侵害 50 多种兽类和 25 种鸟类，毛皮动物中貉、银黑狐、海狸鼠、水貂均比较敏感。患病病貉是主要传染源，传播途径主要为呼吸道、消化道，其次是生殖道，通过交配也能感染，皮肤接触也有可能传染。病貉排出病菌污染周围空气、地面土壤、饲料等，由此传染给健康动物。本病不分品种、性别和年龄均可感染。一年四季均可发生，毛皮动物多见于夏、秋两季。

2. 临床症状

本病潜伏期长短不一，短者十几日，长者数月乃至数年。病貉不愿走动，嗜睡，无力，食欲减退，进行性消瘦，被毛无光泽。当侵害肺部时，表现慢性干咳或不同程度的咳血，同时发生日趋严重的呼吸困难，有的病貉鼻、眼有较多的浆液性分泌物，严重者呼出的气体有恶臭难闻。侵害消化道时，可出现带血下痢。有些貉可出现杵状趾现象，特别是足端的骨骼常呈两侧对称性增大。剖检可见病貉的尸体高度消瘦，其特征病变是在许多器官和淋巴结有灰黄色大小不一、界限清楚的结核结节。渗出型新鲜结节周围有红晕，陈旧的多为钙化结节，周围包有结缔组织。肺脏结节呈干酪样灰黄色或与灰红色相互交错，形成斑纹状，干酪区变为脓样或钙化，有的坏死组织溶解排出后形成空洞。

3. 诊断

貉结核杆菌病缺乏特征性临床症状，因此临床诊断困难。但可根据病例剖检和细菌学检查确诊。

4. 治疗

貉结核病免疫至今尚无突破，不仅治疗困难，且疗程长，用药量大，治疗意义不大。

5. 预防

定期检疫，严格控制饲料，对结核病畜禽的肉类、副产品，应煮熟饲喂。发现病貉及时隔离，每年取皮前，凡结核病阳性的貉一律打皮淘汰。对污染场地、用具要彻底消毒。同时，注意公共卫生，防止传染给人。

十、加德纳氏菌病

加德纳氏菌病是加德纳氏菌引起的人兽共患细菌性传染病，

主要侵害泌尿生殖系统，引起病貉繁殖障碍，母貉表现为妊娠中断、流产、死胎、仔貉发育不良，公貉表现为睾丸炎、附睾炎、性机能减退，死精、精子畸形等。

1. 病原与流行特点

加德纳氏菌染色有可变性并着色不均，但多为革兰氏染色阳性，其对干燥抵抗力不强（2～3 d 死亡），对湿度和温度敏感，煮沸即可达到消毒目的。对甲醛、碘酊最敏感，龙胆紫、新洁尔灭、乙醇次之，过氧化氢、光氧乙酸、煤酚皂更次；高锰酸钾无杀菌作用。对氨苄青霉素、红霉素及庆大霉素敏感。貉不分年龄、性别、品种均可感染。从易感程度看，母貉感染率比公貉高，老貉比青年貉高。本病在配种期间最易传播，尤其在感染群，貉配种后感染率明显升高，最高可达貉群的 50%以上，因此，加德纳氏菌感染是当前貉繁殖失败的主要因素。

2. 临床症状

本病主要发生在繁殖期，受配母貉多数于妊娠 20～45 d 发生妊娠中断，表现为流产或胎儿吸收。流产前起母貉外阴流出少量污秽不洁的恶露，有的病貉出现血尿，流产后 1～2 d 内体温稍高，精神不振，食欲下降，随后恢复正常；剖检可见阴道炎、尿道炎、子宫颈炎、子宫内膜炎、卵巢囊肿、肾周肿胀以及败血症。患病公貉死精、精子畸形，配种能力下降，并常出现血尿，个别的睾丸发炎。

3. 诊断

根据临床症状和流行特点可以初步怀疑阴道加德纳氏菌病，最终确诊还要做进一步的血清学和细菌学实验。

4. 治疗

对血检阳性病貉和流产母貉及早治疗可以治愈，目前认为对貉阴道加德纳菌有效的药物有甲硝唑、氨苄青霉素、红霉素和庆大霉素等。有报道用红霉素进行 7～10 d 的治疗，治愈率可达 95%以上。

5. 预防

疫苗接种是防治本病的有效措施，国内制成的氢氧化铝胶灭活疫苗，免疫期为 6 个月，保护率达 90% 以上，每年定期免疫 2 次，可控制该菌感染。对已检疫定性的感染貉，应采取隔离饲养，至冬季取皮时淘汰。或以氨苄青霉素治疗一个疗程（3～5 d），即可完全将体内菌杀死；但加德纳氏菌抗体仍然尚存，待过 15～30 d 体内残存抗体已基本消失，此时再注射疫苗预防，即能达到有效保护，这样的貉仍可作为种貉。

十一、破伤风

破伤风又名强直症，俗称锁口风，是由破伤风梭菌引起的一种人兽共患的急性毒血症。本病是一种人兽共患的急性、创伤性、中毒性传染病。病貉以运动神经中枢对刺激反射兴奋性增高和骨骼肌持续性痉挛收缩为临床特征。

1. 病原与流行特点

破伤风梭菌在自然界分布很广，广泛分布在施肥的土壤、街道尘土和腐臭淤泥中，健康人兽的粪便内也常见到。本病发生无季节性，多呈零星散发，病死率高。自然感染通常是由于伤口被含有破伤风梭菌芽孢污物污染而引起发病。

2. 临床症状

潜伏期长短不一。常于感染后 5～8 d 内发病，发病后 5 d 内死亡。病貉主要表现骨骼肌强直性痉挛及反射兴奋性增高。痉挛症状常由头部开始，然后及于其余肌群。表现为颈部肌肉强直，第 3 眼睑突出，眼球上翻，鼻翼开张，开口障碍，咀嚼困难，耳僵硬、竖立互相靠拢，尾举起，四肢关节僵硬不能曲屈行走，呈木马样姿势。病貉对声响、光照等刺激异常敏感，但神智始终清醒。最后病貉多因咬肌痉挛不能进食，胸肌痉挛导致呼吸困难、缺氧以及心肌麻痹而死亡。

3. 诊断

患破伤风的病貉其症状比较特殊和明显，可根据病貉肌肉强直和痉挛，反射兴奋增高，食欲和体温正常，便可确诊。但慢性病例和发病较轻的病例要注意与急性风湿病加以区分(肌肉风湿病的体温升高，兴奋性不高)。

4. 治疗

主要采取综合疗法。清创除菌是提高治愈率的关键所在，发现外伤时应及时处理伤口，除尽创内浓汁、坏死组织、异物等，并用3%双氧水或1%高锰酸钾溶液清创，造成有氧环境，抑制破伤风梭菌发育。貉病可应用大量给予青霉素消灭病原，皮下注射破伤风抗毒素以中和毒素。当貉全身震颤、兴奋不安时，可用氯丙嗪等以镇静解痉。此外，应根据病情强心补液，加强护理，经常变换体位，防止褥疮，确保呼吸畅通。对病貉应加强护理，并置于光线较暗、干燥、洁净的貉舍中。严寒时注意保暖。环境尽量保持安静，减少各种不良刺激。对采食困难的病貉，可人工灌喂牛奶、豆浆汁或稀粥营养饲料，使病貉获得营养，增强抗病力。

5. 预防

平时要注意饲养管理和清洁卫生，对产箱火焰消毒，窝内垫草用非疫区的洁净干草，避免貉体受伤。当貉患开放性创伤时，应在消毒后，再作全身抗感染处理，迅速注射抗破伤风血清，并同时给予破伤风类毒素，在30 d时再重复注射1次类毒素。

十二、绿脓杆菌病

绿脓杆菌病是由绿脓假单胞菌引起的以皮下脓肿、出血性肠炎、肺炎和败血症为特征的疾病，临床并不多见，但为人畜共患病。我国养貉开展人工授精以来，由绿脓杆菌引起的化脓性子宫内膜炎有增多趋势。

1. 病原与流行特点

绿脓假单胞菌是一种多形的细长、中等大的杆菌，毒力较弱。这种菌广泛存在于自然界中，在人、畜的肠道、呼吸道和皮肤上也普遍存在。动物感染与使用免疫抑制剂、长期使用广谱抗生素、烧伤和手术后的衰弱有关。带菌动物的粪便、尿液和分泌物所污染的饲草、饲料和饮水等是本病的主要传染源，可经消化道、呼吸道以及创伤等途径感染。任何年龄的貉都可发病，一般为散发，无明显季节性。

2. 临床症状

病貉发病突然，精神高度沉郁，似昏睡状，食欲下降或不食，体温升高，呼吸困难，鼻、眼有浆液性或脓性分泌物，皮下形成脓肿，或出现腹泻，甚至排血样粪便，严重者很快死亡。有的病貉生前没有任何症状，死后剖检才见有病理变化。剖检可见病貉胃、十二指肠、空肠黏膜、心包囊和腹腔内有血样液体，各脏器和肠道出现广泛性瘀血，脾肿大呈樱桃红色，肺内有出血点或发生红色实变，肠道发炎；慢性病例在肺部和其他器官如耳、皮下和外伤感染部位均可形成淡绿色或褐色脓疮，内有淡绿色或褐色黏液，病灶破溃后有特殊的腥臭味。貉在交配、人工授精过程中，由于阴道或子宫带进异物或其他感染物，可引起子宫内膜的炎症。一般发生在交配后7～15 d，病貉表现为拒食，精神萎靡，鼻镜干燥，行为不安，常从阴道内流出浆液化脓性分泌物，有时混有血液。

3. 诊断

根据上述症状可做出初步诊断，但确诊需进行病原分离鉴定，直接取病料进行涂片镜检无参考价值。

4. 治疗

发现病貉要及时隔离，对假定健康群可全群进行紧急疫苗注射。治疗可采用庆大霉素，每只貉 8 万 U 肌内注射，每天 2～3 次，连用 3～5 d；青霉素 40～80 万 U 肌内注射，每天 2～3 次，连用 3～5 d。对发生化脓性子宫内膜炎的病貉可选用庆大霉素 8 万 U,青霉素 G 钠 80 万～160 万 U 分别进行肌内注射或混合后通过输精针注入子宫。绿脓杆菌易产生耐药性,所以在治疗时应采用两种以上的药物合理配伍,交替使用,可增强治疗效果。

5. 预防

日常加强貉群卫生措施,可用新洁尔灭、消毒净和醋酸等进行养貉场平时消毒,避免一切化脓或术后感染的因素,发生过本病的养貉场,可使用绿脓假单胞菌单价或多价疫苗皮下或肌内注射,每半年注射 1 次,可控制本病。人工授精时严格消毒,输精次数限制在 3 次为宜,最后一次输精完毕后肌内注射庆大霉素 8 万 U、青霉素 G 钠 80 万 U。

十三、链球菌病

链球菌病是由具有不同生理生化特征的链球菌引起的貉多种人兽共患疾病的总称。急性常为出血性败血症和脑炎,慢性以关节炎、心内膜炎、淋巴结化脓及组织化脓等为特征。

1. 病原与流行特点

链球菌的种类繁多,在自然界分布很广,一部分对人兽有致病性。本菌呈圆形或卵圆形,常排列成链,链的长短不一,短者成对,或由 4～8 个菌组成,长者数十个甚至上百个。在固体培养基上常呈短链,在液体培养基中易呈长链。本菌对高温及一般消毒药的抵抗力不强,对常用的抗生素敏感。自然条件下,多种毛皮动物及家畜都感染链球菌病,貉的易感性较高,败血症型和脑膜脑炎型多见于仔貉,关节炎型多见于仔貉和生长貉,并常与上两型混合发生,化脓性淋巴结炎型多见于生长貉。感染和痊愈的动物是主要传染源。无症状和痊愈后的带菌动物也可排出病菌称为传染源。主要经呼吸道和消化道感染,外伤或注射消毒不严格等也可导致本病传播。一般呈地方流行性,一年四季均可发生,春、秋季以及气候潮湿的夏季多发。

2. 临床症状

自然感染潜伏期 1～14 d，超急性型见不到任何症状突然死亡。急性型病程多为 24～72 h，病貉表现为突然拒食，呼吸迫促，结膜发绀，鼻镜干燥，站立不稳，抽搐，共济失调，嘶哑尖叫。卧地不起，四肢呈游泳状运动，随之发生强制性痉挛，最后因衰竭、麻痹死亡。慢性型主要表现为关节炎、局部脓肿、子宫炎、乳腺炎、化脓性淋巴结炎及皮炎，病程可持续 1～4 周。侵害四肢关节时，起初发生踱行，多为 1 前肢或 1 后肢，患肢关节肿胀，呈念珠状，而后破溃，形成许多瘘管排出脓性渗出物。患肢痊愈后形成不完全的或完全的死关节。在幼貉发生趾关节和足垫肿胀，患部皮肤增厚，发硬而不形成化脓。

3. 诊断

根据症状、病变及涂片检查可做出初步诊断，确诊应取病变组织做细菌培养、鉴定。

4. 治疗

在治疗上，局部脓肿可以施以外科手术，切开皮肤，排出脓汁。全身疗法选用抗生素治疗，治疗时剂量要给足，巩固疗效。青霉素、磺胺类、头孢唑林等药物治疗本病良好的效果。病貉用青霉素 30 万～80 万 U，链霉素 0.6 g 混合肌内注射，连用 3～5 d；磺胺嘧啶钠注射液按每千克体重 20 mg 肌内注射，每天 2 次；头孢唑林按每千克体重 10～50 ng，肌内注射，每天 2 次。

5. 预防

注意笼舍环境卫生，定期消毒，防止貉受外伤。常发区可用灭活苗或弱毒菌苗预防。

十四、皮肤霉菌病

皮肤霉菌病，钱癣、脱毛癣，是由多种皮肤霉菌引起的人、畜、禽共患的皮肤传染病，又称皮肤真菌病、表面真菌病、小孢子病等。临床特征是皮肤上呈现界限明显的圆形或轮廓癣斑，其上带有残毛，并有鳞屑或痂皮，致使貉被毛脱落而成为残皮，直接影响生产效益。

1. 病原与流行特点

本病通常由犬小孢子菌、石膏状小孢子菌和须毛癣菌所引起。病貉是主要传染源，病貉病变部分脱落的毛和皮屑含有病原菌和孢子，不断污染环境，且在环境中保持很长时间的感染力。病原可依附在植物或其他动物身上，或存在土壤中，在一定条件下传染给饲养人员。本病主要通过相互接触传播，或通过污染的物体而传播，其他皮肤病如螨病、脓皮病等也可继发。本病一年四季均可发生，在炎热潮湿季节多发。拥挤、潮湿以及卫生条件差会加剧疾病的发生和发展。病貉被毛和绒毛随风可散布可迅速感染全场。

2. 临床症状

病貉精神忧郁，食欲不振，有时表现不安，用爪抓挠患部，患部被毛脱落或有部分长短不齐的断毛。病变在面部、背部、下腹部、四肢的外侧分布较多，形状呈圆形或椭圆形，面积大小不一，病变部分独立，很少融合在一起。病初毛逐渐脱落皮肤发红变硬有渗出液并形成结痂，结痂脱落后表面可见湿润的鲜红色并呈现出现凹形溃疡面。取病貉毛、皮屑用伍德氏灯检查，如有真菌存在则发出黄绿色荧光。

3. 诊断

根据流行病学、临床症状和真菌检查可以确诊。

4. 治疗

发现病貉应及时隔离治疗。病貉笼舍及用具可用热的（50℃）5％石炭酸溶液消毒，或用热的（60℃）5％克辽林消毒。治疗时先将病貉局部残存的被毛、鳞屑、痂皮剪除，用肥皂水洗净，然后涂以克霉唑软膏或癣净等药物，直至痊愈。在局部治疗时可内服灰黄霉素。

5. 预防

平时加强养貉场内和笼舍卫生、消毒工作，饲养人员要注意自身防护，防止感染。患皮肤真菌病的人不应与貉接触。

十五、附红细胞体病

附红细胞体病是由附红细胞体（简称附红体）所感染的人畜共患病。本病多为隐性感染，虽然在畜牧业地区人群中附红体的感染率相当高，但有临床症状及体征者并不多见。在急性发作期，临床表现主要有发热、贫血、黄疸、腹泻及淋巴结肿大等。

1. 病原与流行特点

附红细胞体也称血虫体，简称附红体，是寄生于人、畜红细胞表面、血浆和骨髓中的一群微生物。到目前为止已发现附红体属有 14 个种。附红体既有原虫特点，又有立克次体的特征，在一般涂片标本中观察，其形态为多形性，如球形、环形、盘形、哑铃形、球拍形及逗号形等。附红细胞体对常用消毒药物一般很敏感，迅速将其杀灭，但在低温冷冻条件下可存活数年之久。病貉和隐性感染带菌貉是主要传染源。隐性感染带菌貉在有应激因素存在时，如饲养管理不良、营养不良、温度突变、并发其他疾病等，可引起血液中附红细胞体数量增加，出现明显临诊症状而发病。耐过貉可长期携带该病原，成为传染源。附红细胞体可通过接触、血源、交配、垂直及媒介昆虫（如蚊子）叮咬等多种途径传播。动物之间可通过舔伤口、互相斗咬或喝血液污染的尿液以及被污染的注射器、手术器械等媒介物而传播；交配或人工授精时，可经污染的精液传播；感染母貉能通过子宫、胎盘使仔貉受到感染。附红细胞体病一年四季都可发生，但多发生于夏、秋和雨水较多的季节，以及气候易变的冬、春季节。气候恶劣、饲养管理不善、疾病等应激因素均能导致病情加重，疫情传播面积扩大，经济损失增加。附红细胞体病可继发于其他疾病，也可与一些疾病合并发生。

2. 临床症状

附红细胞体病临床症状差别很大，主要引起：仔貉体质变差，贫血，肠道及呼吸道感染增加；育成貉生长发育缓慢，急性溶血性贫血；母貉生产性能下降等。哺乳仔貉 5 d 内发病症状明显，新生仔貉出现身体皮肤潮红，精神沉郁，哺乳减少或废绝，急性死亡一般 7～10 日龄多发，体温升高，眼结膜皮肤苍白或黄染，贫血症状，四肢抽搐、发抖、腹泻、粪便深黄色或黄色黏稠，有腥臭味。育成貉根据病程长短不同可分为 3 种类型：急性型病例较少见，病程 1～3 d。亚急性型病例体温升高，达 40～41℃，病初精神委顿，食欲减退，偶有咳嗽、流鼻涕，可视黏膜(眼结膜、口腔黏膜等)苍白、黄染，机体消瘦，有时便秘和拉稀交替出现，甚至排血便。病貉耳朵、颈下、胸前、腹下、四肢内侧等部位皮肤红紫，指压不褪色。病程 3～7 d，或死亡或转为慢性经过。慢性型病貉体温在 39.5℃左右，主要表现贫血和黄疸。病貉尿呈黄色，大便干如粟状，表面带有黑褐色或鲜红色的血液，生长缓慢，出栏延迟。

3. 诊断

根据流行季节、临床症状和血片检查才能对该病进行正确诊断。附红细胞体感染后 7～8 d，病貉主要表现为高热和溶血性贫血，这时血液内有大量附红细胞体，血液检查很容易发现。取高热期的病貉血 1 滴涂片，生理盐水 10 倍稀释，混匀，加盖玻片，放在 400～600 倍显微镜下观察，发现红细胞表面及血浆中有游动的各种形态的虫体，附着在红细胞表面的虫体大部分围成一个圆，呈链状排列。红细胞呈星形或不规则的多边形。

4. 治疗

治疗动物附红细胞体病的药物虽有多种，但真正有特效的不多，每种药物对病程较长和症状严重的貉效果都不好。由于附红细胞体病常伴有其他继发感染，因此对其治疗必须附以其他对症治疗才有较好的疗效。目前用于貉附红细胞体病治疗的药物主要有如下几种。

①长效土霉素注射液、贝尼尔(血虫净)(每千克体重 3.5 mg),每天 1 次,交替进行。对于食欲废绝、病情严重的貉,交替注射长效土霉素、5%贝尼尔溶液(每千克体重 6 mg),同时静脉注射 5%葡萄糖氯化钠溶液、维生素 C 等药物。

②阿福丁每 10 kg 体重 0.1 mg 肌内注射。也可试用伊福丁、附红净、附红敌、原虫净等药物。

5. 预防

预防本病一般应着重抓好节肢动物的驱避。实践证明,在疥螨和虱子不能控制的情况下要控制附红细胞体病是不可能的。加强饲养管理,给予全价饲料,保证营养,增加机体的抗病能力,减少不良应激都是防止本病发生的条件。在发病期间,可用土霉素或四环素添加饲料中,连用 2~3 周。

第二节 貉常见寄生虫病的防治

一、弓形体病

弓形体病是由龚地弓形虫在猫肠上皮细胞内行有性繁殖,在猪、牛、羊、犬等多种动物和人的有核细胞内行无性繁殖过程而引起的一种人兽共患原虫病。貉暴发弓形体病时,死亡率较高。

1. 虫体特征及流行特点

貉体内的龚地弓形体呈新月形(弓形、香蕉形),一端稍尖,一端钝圆,大小为(4~7) μm×(2~4) μm,称为滋养体或速殖子(图 7-1)。猫是弓形虫的终末宿主,在猫小肠上皮细胞内形成卵囊,随粪便排到外界发育成感染性卵囊,可感染包括哺乳类、鸟类、鱼类、爬行类和人等 200 余种动物(中间宿主)。在中间宿主体内,弓形体可在全身组织器官的有核细胞内进行无性繁殖,形成滋养体。

弓形体对中间宿主要求不严格，哺乳动物、鸟类、爬行动物、鱼类和人类都可以成为其中间宿主。感染源主要为患病和带虫动物，患病和带虫动物的唾液、痰、粪便、尿、乳汁、蛋、腹腔液、眼分泌物、流产胎儿、胎盘等均可能含有滋养体成为传染源。此外，被病猫和带虫猫排出的卵囊污染的土壤、饲料、饲草和饮水等也可成为传染源。貉吃了被猫粪便污染的食物或含有弓形虫速殖子或包囊内的中间宿主的肉、内脏、渗出物、分泌物和乳汁而被感染。速殖子可以通过皮肤、黏膜而感染，也可通过胎盘感染胎儿。本病没有严格的季节性，但以秋冬和早春发病率最高，可能与寒冷、妊娠等导致机体抵抗力下降有关。如貉营养不良、受寒等可诱发本病。

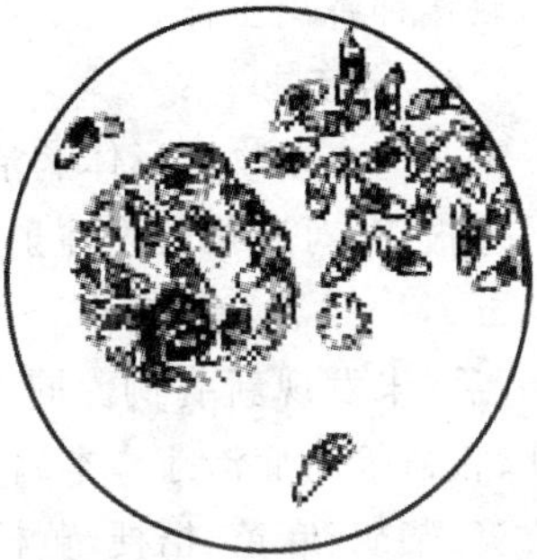

图 7-1　弓形体滋养体及假囊

2. 临床症状

病貉精神萎靡，体温升高至 40.0～41.5℃，呈稽留热型。咳嗽，食欲不振或废绝。黏膜苍白，呼吸困难，出血性腹泻，呕吐。一些病貉咳嗽、呕吐，流水样或黏性鼻液。听诊肺部呼吸音粗粝，有湿啰音。妊娠母貉发生流产或早产，尿少且尿色深黄。体表淋巴结肿大，大腿内侧、腹部等处有可见紫红色出血斑。有的病貉后期出现神经症状，抽搐、运动共济失调，甚至麻痹。后期病貉不能站立，呼吸极度困难，体温下降后不久死亡。病程多为 10～15 d。急性发病后耐过的病貉，食欲逐渐恢复，体温逐渐将为正常，但由于包囊的逐渐形成，以及病变恢复需要时间，病貉仍表现一定的呼吸道症状及消化道症状，有的留有运动障碍等后遗症。

3. 诊断

本病临床表现及病变与犬瘟热近似。确诊可用腹水涂片及小白鼠接种查出虫体。

4. 治疗

对毛皮动物弓形体病治疗尚处于研究之中。据郭志廷、梁剑平等报道，对病貉肌内注射或口服磺胺嘧啶钠，每千克体重20～25 mg，1～2次/d，连用3～5 d。未发病的貉子按预防量连续注射3 d后，未发现新病例。同时根据病貉的不同情况，进行补液、止吐、止血等对症治疗。本病也可使用中药治疗，常用槟榔、连翘、蒲公英、柴胡、麻黄、桔梗、黄柏、黄芩等驱虫、解毒的中药组方进行治疗，效果很好。

5. 预防

预防弓形体病要做到保持笼舍清洁卫生，定期消毒，经常灭鼠。弓形体病是由于摄入猫粪便中卵囊而受感染，因此，貉场内严禁养猫，防止猫进入貉舍。发现病貉及时治疗，治愈后不作种用。勿用未经煮熟的屠宰废弃物喂貉。

二、绦虫病

绦虫病是貉常见的危害较大的寄生虫病之一。成虫寄生于貉小肠内，危害很大，而且能诱发其他疾病，甚至引起死亡，其幼虫期大多寄生在家畜和人的实质器官，严重危害家畜和人的健康。

1. 虫体特征及流行特点

绦虫为一种雌雄同体、体分节呈带状的蠕虫。小的仅1 cm左右，大的长达数米，由几个至数百个节片组成。虫体分为头节、颈节、节片3部分。根据虫体种类的不同，头节上有的有吸盘、顶突，有的头节为吸槽或吸叶型。节片自前向后分为幼稚节片、成熟节片和孕卵节片。孕卵节片内充满大量成熟虫卵，孕卵节片不断脱离链体，污染环境。单个虫卵多数为近圆形，内含六钩蚴。绦虫在传播过程中均需中间宿主作为传播媒介，其中有些为猪、牛、羊，有些为昆虫。

2. 临床症状

貉轻度感染时症状不明显，但可以看到病貉严重消瘦，呕吐，贫血，被毛粗乱，四肢麻痹，有时痉挛。在貉肛门周围时有绦虫孕节片附着或粪便中有大米粒或黄瓜籽仁样可活动的孕节片；病貉肛门不适，经常磨蹭肛门。侵害中枢神经系统后，常发生抽搐和惊厥。严重感染时，则出现消化不良，食欲不振，有时腹痛，便秘或腹泻，逐渐消瘦、贫血。虫体成团时可引起肠梗阻、肠套叠、肠扭转甚至肠破裂。

3. 诊断

本病可根据病貉肛门周围或粪便中有无孕节片（小的如米粒大小，大的可长达 9 mm 左右），或取粪便作饱和盐水浮集检查，发现绦虫卵而确诊。

4. 治疗

治疗本病可选用丙硫苯咪唑，体重 4 kg 以下瘦弱貉按每千克体重 20 mg，体重 4 kg 以上较健壮貉按每千克体重 30 mg/kg，口服。服药前应禁食 14～16 h，使用少量优质饲料，将药拌匀，依次放入食槽内口服。也可选用灭虫丁按每千克体重 0.2 mg。皮下注射，7 d 后重复注射。中药治疗可选用槟榔与适量玉米面、红糖制成舔剂，使貉吸服。

5. 预防

预防本病的主要措施是定期检查、定期驱虫。通常每季度驱虫 1 次（母貉驱虫应在配种前 3 周进行）。驱虫时，应把貉隔离在一定范围内，以便收集和处理排出的虫体和粪便，彻底销毁或深埋。来源不清的畜禽内脏要熟喂，日常要注意保持笼舍和环境卫生，发现病貉及时隔离驱虫。

三、蛔虫病

蛔虫病是蛔虫寄生于貉的小肠内所引起的寄生虫病。主要表现为胃肠机能紊乱，生长发育迟缓，消瘦，贫血，严重者可引起死亡。

1. 虫体特征及流行特点

蛔虫虫体呈淡黄白色，长而圆，两头尖，稍弯于腹侧，头端有 3 片唇。成虫寄生于貉小肠内，虫卵随粪便排出体外，在适宜条件下经发育成为内含幼虫的感染性虫卵。当貉吞食感染性虫卵后，在小肠内孵出幼虫。幼虫穿透肠黏膜进入肠壁毛细血管，经血流到肝、心和肺发育。再混入痰液内被貉咽下到达小肠后发育为成虫。年龄较大的成貉感染后，幼虫在体内移行过程中，一部分随血流到其他脏器和组织内形成包囊。一部分幼虫移行至子宫经胎盘进入胎儿体内。当仔貉出生 2 d 后，幼虫进入仔貉肠腔内，经 21～30 d 发育成熟并排出虫卵。因此，出生后 1 个月的貉，可从其粪便中查出虫卵。移行到乳腺的幼虫还可经乳汁传染给仔貉。

2. 临床症状

成貉轻度感染时，一般没有明显症状。严重感染时，病貉表现为渐进性消瘦，食欲不振，便秘或腹泻，有时出现腹痛、呕吐，腹围膨大，被毛粗乱无光泽。大量虫体寄生时可引起肠阻塞、肠套叠或肠穿孔而死亡。虫体释放的毒素可引起病貉兴奋、痉挛、运动麻痹等神经症状。幼貉感染时，腹部扩大，下痢和消瘦，体温升高，食欲减退，生长发育不良，往往由于吸收蛔虫产出的毒物而中毒，呈痉挛性的抽搐和嗜睡等，严重者则死亡。

3. 诊断

发现病貉呕吐出或大便排出蛔虫即可确诊。也可通过粪便直接涂片法和饱和盐水浮集法检查虫卵，如从貉粪中发现较多的虫卵，即可确诊。一般对生长发育不良的幼貉，应考虑是否有蛔虫寄生。

4. 治疗

治疗本病可选用以下药物，驱蛔灵、盐酸左旋咪唑、枸橼酸哌吡嗪等。驱蛔灵可按 100 mg/kg，混入饲料中口服，对成虫效果好；剂量加至 200 mg/kg 时，可驱除体内幼虫。亦可用土荆芥油

1 份，蓖麻油 2 份制成混合剂，每天每只服 1 mL，1 月龄的仔貉服用时需加温到 30～35℃。

5. 预防

预防貉蛔虫病的基本原则是搞好环境卫生，及时清除粪便进行发酵处理。定期对全群进行粪便检查，如发现蛔虫卵应及时驱虫。1 周后检查驱虫效果，必要时进行第 2 次驱虫。药物治疗可用驱蛔灵、肠虫清等。

四、旋毛虫病

旋毛虫病是由旋毛虫成虫寄生于貉小肠（肠旋毛虫）引起胃肠炎；幼虫寄生于同一貉的各部肌肉（肌旋毛虫），导致肌肉疼痛、呼吸困难和发热等症状的人兽共患寄生虫病。我国各地均有发生。

1. 虫体特征与流行特点

旋毛虫为一种很小的、前细后粗的白色小线虫，雌虫长 3～4 mm，雄虫长 1.4～1.6 mm，幼虫 0.1～0.12 mm。肠旋毛虫（成虫）寄生在小肠的肠壁上。肌旋毛虫（幼虫）在骨骼肌纤维之间盘曲并形成包囊。肉品中的旋毛虫幼虫在包囊的保护下对外界环境的抵抗力很强，成为重要的传染源。旋毛虫分布于世界各地，几乎所有的哺乳动物均能感染旋毛虫病。本病主要通过含虫的肉类传播。貉多因采食感染旋毛虫的动物性饲料而感染。貉食入含包囊幼虫的动物肉后，幼虫在胃内破囊而出，在小肠内发育为成虫。雌、雄虫交配后，雄虫死亡，雌虫于交配后 5 d 开始产幼虫，幼虫随淋巴经胸导管流入前腔静脉和心脏，然后随血液散布到全身，在骨骼肌纤维间（特别是膈肌、舌肌、咬肌、喉部肌肉、眼肌和肋间肌等处）形成包囊，呈梭形黄白色小结节，长 300～500 μm。

2. 临床症状

貉感染旋毛虫后的肠旋毛虫期，可有体温升高、下痢、血便等症状，有时呕吐，食欲不振，很快消瘦，15 d 左右死亡或转为慢性

（肌旋毛虫期）。旋毛虫幼虫移行至横纹肌而引起肌炎和血管炎，表现头面部水肿，肌肉疼痛或麻痹，运动障碍，流涎、呼吸和咀嚼困难，发热，消瘦等症状。有时脸部和四肢水肿。多于4～6周后症状逐渐减轻或消失，成为长期带虫者。病死貉剖检可见横纹肌内有单在出血灶。撕去膈肌的肌膜，肉眼可见针尖大，半透明、稍隆起、乳白色的虫体包囊。

3. 诊断

生前可根据病史和症状而初诊，或用穿刺器采一小块舌肌做活组织压片（死后采取膈肌作压片）检查，发现旋毛虫包囊即可确诊。

4. 治疗

治疗本病无特效疗法。可试用甲苯咪唑按每千克体重25～40 mg，分2～3次口服，连用5～7 d，能驱杀肠道内成虫和肌肉内幼虫。

5. 预防

预防本病的主要措施是饲喂貉动物性饲料一定要煮熟。日常搞好环境卫生，大力扑灭貉舍周围野鼠。

五、疥螨病

疥螨病是由疥螨寄生于貉的体表，引起剧痒、脱毛、结痂为特征的传染性皮肤病。本病分布广泛，以秋、冬季多发。幼貉危害严重，甚至引起死亡。防治不当还可感染人。

1. 虫体特征及流行特点

疥螨很小，成虫近乎圆形，形似龟，灰白色或灰黄色。虫卵椭圆形。疥螨的发育需经过卵、幼虫、若虫和成虫4个阶段，其全部发育过程都在貉体进行。雌螨在宿主表皮开凿虫道产卵。虫卵经3～8 d孵出幼螨，幼螨开凿新虫道发育为若螨，然后再发育为成虫。雌虫寿命3～4周，雄虫于交配后死亡。疥螨的唾液、分泌物及体表毛刺不断刺激病貉瘙痒。病貉、犬、猫是本病的主要传染源。本病的传播方式主要是宿主间的直接接触，如笼舍太小，过于拥挤、卫生条件差等，极易互相感染；也可通过公共用具、垫草、刮落脱掉的毛绒等间接传播。本病多发于秋末、冬季和春初。卫生条件差，阴暗、潮湿的环境促进疾病传播、蔓延。

2. 临床症状

疥螨常寄生于貉毛稀皮薄的面部、耳廓、肢端、胸腹下、大腿内侧和尾根等处。貉发生疥螨病后，最突出的表现就是剧痒。病貉不断用脚爪抓挠患部，或以嘴啃咬、舐患部。患部积聚多量痂皮。胸、腹下常散生米粒大红色丘疹或脓疱。如患部因抓挠破损而出血，可形成血痂。此时患部被毛脱落，皮肤增厚，并形成皱褶。严重者病变发展至全身，造成全身性红斑、丘疹和脱毛。仔貉患病后虽脱毛但痒觉不明显，表现为呻吟、皮屑增多和极度消瘦，如救治不及时常引起死亡。

3. 诊断

诊断本病可以临床症状，尤其是头上掉毛，硬币状大小，白色，沾有血迹、干裂痕及浑身剧痒等特点为依据。但确诊，需在刮取皮肤病变部位与健康部位交界处组织（刮至稍有出血为止）进行镜检，发现虫体即可确诊。

4. 治疗

当发生螨病时，要进行逐步检查，发现病貉立即隔离治疗。对病貉使用过的笼具用2%～3%热克辽宁或来苏儿溶液消毒，并对环境进行彻底消毒。治疗前，先剪毛去痂，为使药物能和重提充分接触，将患部及周围3～4 cm处的被毛剪去，被毛和皮屑收集在污物桶内飞少或用杀螨药浸泡，用温肥皂谁冲刷硬痂和污物。然后再用安全、低毒的杀螨药洗浴或涂擦。治疗病貉首选阿维菌素（又称克虫星），一般每千克体重0.02 mL，颈部皮下注射，隔7 d 1次，连用3次即可治愈。但近年来从治疗效果看，貉对阿维菌素有产生抗药性的倾向，因此，剂量可稍至每千克体重 0.03～0.04 mL，隔 5 d 1 次效果更好。轻者亦可用 1%～2%敌百虫水涂患部，或涂 15%浓碘酊 1～2 次即可痊愈。重者用亦可用 1%～2%敌百虫水在暖室洗浴，洗浴时须注意人、貉安全，发现病貉精神异常、呕吐呼吸加快等中毒症状时，应立即停止用药，并用清水冲洗干净。

5. 预防

预防本病的有效方法是搞好貉体和貉舍卫生，垫草经常晾晒。发现貉经常挠痒应及时检查，确诊后，立即隔离治疗。引种时应进行严格隔离检查，饲养人员与病貉接触后，应注意消毒，避免散布病原。

六、耳痒螨病

耳痒螨病是由耳痒螨寄生于貉外耳道而引起的一种寄生虫病，由于虫体刺激，耳道分泌物增多，严重者因细菌感染所引起外耳部的炎症。

1. 虫体特征及流行特点

耳痒螨与疥螨相似，但虫体较大。耳痒螨从卵、幼虫、若虫发育到成虫需 3 周左右。虫体在外耳道内靠刺吸淋巴液、组织液以及食取皮屑为生。本病多为接触传播，卫生不良将促进其发生。本病多发于秋、冬寒冷季节。病原主要寄生于外耳道，但也常爬到身体的其他部位，引起局部或全身性皮肤病。

2. 临床症状

病貉主要表现为不安，不断摆头，有时用前肢挠抓患部，皮肤发红，并稍有肿胀，或用耳摩蹭小室或笼室。耳道内有多量油性红褐色耳垢，并散发特殊臭味。有时虫体爬行到身体其他部位（如胸、腹下）形成浅在的小丘疹，同时伴有剧痒。由于病貉不断抓挠，造成局部皮肤红斑、破溃，被毛脱落，皮肤肥厚。当耳螨钻进中耳时，能使鼓膜穿孔，病貉失去听力。更有甚者会进入脑内，患貉食欲下降，头歪斜，出现神经症状。当发生葡萄球菌感染时，可引起中耳炎、脑膜炎、导致病貉死亡。

3. 诊断

根据病貉耳道内有多量耳垢，并散发特殊臭味，可疑似本病。确诊可用锐匙取少量耳垢进行镜检。

4. 防治要点

治疗本病时，应先向耳内滴入液体石蜡，轻轻按摩，以溶解并消除耳道内耳垢和痂皮；然后滴入1～2滴杀螨药，再用棉签蘸上药液涂擦耳道，连续7～10 d，2 d 1次。治疗的同时注意环境和笼具的消毒。亦可选用阿维菌素（又称克虫星）治疗

5. 预防

预防本病的关键在于搞好体卫生，并定期检查，发现病貉及时隔离治疗。

七、毛虱病

毛虱病是由毛虱引起的永久性外寄生虫，此病主要造成毛被缺损，影响毛皮质量或失去毛皮的经济价值。

1. 虫体特征及流行特点

毛虱体小扁平，呈黄白色或灰白色。毛虱只在动物体表面上完成发育，以毛、皮的鳞皮为食，但有时也吞食动物皮肤损伤流出的血液和渗出物。毛虱病是一种接触性外寄生虫病，通过直接接触或间接接触传播。由于运输或密集饲养而造成传染扩散。被污染的垫草及用具也可造成传染。

2. 临床特点

病貉轻者无明显的异常现象，重者除局部被毛缺损外，还有全身症状，即营养不良、消瘦、被毛蓬乱、脱落，局部变化多在冬季能看到，肢体某部出现脱落或缺损。病貉可见骚扰不安，常呈犬坐姿势，啃咬或用爪搔扒躯体局部，一般多见于颈部背侧颈后至肩前或

摩擦胸腹侧及腕掌的背面，出现针绒毛断折缺损，形成面积不等的针、绒毛残缺，多发生在颈后、肩前、胸腹侧、掌背腕前。

3. 诊断

检查被毛缺损处毛丛，可发现黄白色皮屑样小昆虫爬行，显微镜检查可确诊。

4. 治疗

发现病貉后立即隔离治疗，进行笼具和环境消毒。病貉可用0.5%～1%敌百虫或12.5 mg/kg溴氢菊酯进行药浴。药浴时要在温暖的室内或夏季进行，防止感冒，注意人、貉安全，发现病貉精神异常、呕吐呼吸加快等中毒症状时，应立即停止用药，并用清水冲洗干净。冬季除虱可用20%蝇毒磷乳粉，加白陶土配成0.5%的蝇毒灵药粉用纱布袋往全身的毛丝中散布，1周后重复用药1次很快痊愈。

5. 预防

日常要经常打扫貉舍、保持通风干燥，严格消毒，护理用具应该定期消毒。

第三节　貉常见普通病的防治

一、感冒

感冒是以呼吸道黏膜炎症为主的急性全身性疾病，临床上以体温升高、流鼻涕、打喷嚏、伴发结膜炎和鼻炎等为主要特征。本病多发生于雨后、早春与晚秋气候多变的季节，特别是哺乳期及断乳前后的仔幼貉多发。

1. 病因

非传染性感冒由天气突变，冷热剧烈变化，貉受寒冷侵袭，或圈舍阴冷潮湿，被雨淋风吹等引发。传染性感冒多由流感病毒引起。本病多发生于早春、晚秋和气温骤变的季节，以幼貉多发。

2. 临床症状

病貉受寒后突然发生精神不振，食欲减少或废绝；眼结膜潮红或轻度肿胀，羞明流泪，流浆液性鼻涕；有的咳嗽，呼吸加快，肺泡音增强；体温升高，多为 39～40℃，热型不定，常有恶寒战栗现象；皮温不整，足掌发热，鼻镜干燥。

3. 综合治疗

治疗时主要从除去病因、解热镇痛、防止和消除继发感染几方面入手。病初应用解热镇痛剂，多能收到良好疗效，如肌内注射安痛定或氨基比林 1～2 mL，每天 2 次，连用 2～3 d。为防止继发感染，应配合使用抗生素、抗病毒类药或磺胺类药物。对有呕吐现象的病貉可肌内注射爱茂尔 1～2 mL。

二、肺炎

肺炎是肺实质的急慢性炎症，临床上表现为发热、呼吸困难以及肺部有浊音区等为特征。

1. 病因

本病主要是由于病毒、细菌侵害呼吸系统所致，如腺病毒Ⅱ型、肺炎双球菌、链球菌、葡萄球菌、真菌感染以及原虫、蠕虫等寄生虫感染。受寒感冒、劳役过度、饲养管理不当也可诱发本病。此外，吸入某些过敏源、异物、花粉等都可能是本病诱因。

2. 临床症状

病貉精神不振，被毛蓬松，不愿活动，食欲减退或废绝，体温升高 1～2℃，脉搏增数，结膜潮红或发绀，鼻镜干燥，有时流出黏液性脓性鼻汁，常有疼痛性咳嗽；呼吸困难，并常伴有明显的腹式呼吸，呈进行性呼吸困难。肺部叩诊，病变部位呈浊音或半浊音，周围肺组织呈过清音；听诊可听到湿性啰音。仔貉肺炎症状不明显，多呈急性经过，表现精神萎靡，触摸耳尖、鼻端、四肢末梢发亮，呼吸困难，有时咳嗽，常卧于小室一角，卷缩成团。病程 3～10 d，重者数日内死亡。

3. 综合治疗

治疗肺炎的基本原则是加强护理、抗菌消炎、止咳祛痰、制止渗出、促进吸收和对症处理等。临床常用青霉素(5 万～8 万 U)和安痛定(2 mL)肌内注射，每天 2 次；或链霉素 0.1～0.3 g，肌内注射，每日 2～3 次。祛痰止咳平喘可选用复方甘草片、可待因、氯化铵等口服。制止渗出物和促进呼吸可静脉注射 10％葡萄糖酸钙注射液 5～10 mL。对重症病貉应注意抗休克和对症处理。呼吸困难时应及时吸氧；当伴发胸膜炎时，需抽出胸水，同时向胸腔内注入抗生素。

三、胃肠炎

胃肠炎是指胃肠道表层及深层组织的炎症。临床上以消化功能紊乱、呕吐、腹泻、腹痛和体温升高为特征。

1. 病因

原发性胃肠炎主要是由于采食腐败变质食物、饮用不洁的饮水、饲料突然变更，或暴饮暴食引起消化不良等所致；滥用抗生素而破坏肠道正常菌群生态，营养不良、体质下降使胃肠屏障机能减弱，误食刺激性化学药品、灭鼠药、重金属等因素均可引起胃肠炎。继发性胃肠炎主要由某些传染病和寄生虫病(如犬瘟热、传染性肝炎、犬钩端螺旋体病、钩虫病和阿米巴病等)继发引起。

2. 临床症状

胃肠炎的主要症状是腹泻、腹痛、呕吐、发热和毒血症。病初，多呈急性胃肠卡他症状，主要表现消化不良及粪便带黏液。当以胃、小肠炎症为主时，频频呕吐，有时呕吐物中混有血液。若以大肠炎症为主时，出现剧烈腹泻，粪便恶臭，混有血液、黏液、黏膜组织或脓液；病的后期，肛门松弛，排便失禁或呈里急后重现象。

3. 综合疗法

治疗胃肠炎的原则是除去病因，从饲料中排出不良因素，并在饲料中加入百痢安或氟苯尼考、磺胺类等抗菌药物，1 d 2 次，持续 5～7 d 可有效控制本病的继续发生。对病貉要加强护理，病初要禁食 24 h，限制饮水，然后喂给少量易消化的肉汤、菜汤、米粥、热牛奶或少量的瘦肉等。抗菌消炎可选用黄连素、磺胺脒、氯霉素、呋喃唑酮、链霉素等。脱水明显的貉，用乳酸林格氏液静脉滴注，或林格氏液与 5% 葡萄糖液静脉滴注。持续腹泻的貉，可给予次硝酸铋 0.2 g，口服，每日 2～3 次。对继发性胃肠炎，应在治疗原发病的基础上同时治疗胃肠疾患。

四、便秘

便秘是由于肠管运动机紊乱，肠内容物滞积于某段肠管（主要在结肠和直肠），其水分被进一步吸收，内容物变干、变硬，造成肠管阻塞，致使粪便通过少或排便困难的一种腹痛病。如果便秘时间过长，可引起自身中毒，导致病情恶化。便秘多发生于中老龄貉。

1. 病因

便秘多因饲养管理不当和体弱多病所致。如长期喂干的食物，饲喂过量的骨头，饮水不足，缺乏运动，老弱貉胃肠功能降低等。

2. 临床症状

病貉食欲不振或废绝，喜饮，频频努责，尾巴伸直，试图排粪却不见粪便排出或仅排出少量秘结便，有时混有黏液和血液。随着病情的发展腹围逐渐增大，有腹痛现象，肠蠕动音减弱，脉搏加快，可视黏膜发绀，肛门红肿，直肠指检常能摸到硬的粪块。

3. 综合疗法

治疗便秘的原则是疏通肠道，纠正脱水，防治酸中毒。早期的轻症病例可采取触压法将积结的粪便捏碎，但压力不可太大。治疗可用0.1%高锰酸钾水溶液或肥皂水灌肠，灌入液体后要用手压迫肛门，不让水马上排出，停留几分钟，再撒手排出；反复几次，刺激肠蠕动，再注入5～10 mL液体石蜡或食用油，术者用手后拨粪块向外排出。或用胃管灌服液体石蜡、蓖麻油或食用油20～30 mL（须注意防止误咽）。脱水严重时，要输液补充体液。酸中毒时，可用碳酸氢钠纠正，应用肠道抗菌药，防止肠道感染。如上述方法无效时，可剖腹取出秘结物。对继发性便秘应同时治疗原发病。预防本病需注意饲料品质，给足饮水，定期驱除肠道寄生虫，以防止便秘发生。

五、流产

流产是指各种体内外病因素破坏了母体与胎儿正常孕育关系而导致妊娠中断的疾病。流产可发生于妊娠的各个阶段及任何品种和年龄的貉。

1. 病因

引起流产的原因很多，既有传染性疾病（如布氏杆菌病、钩端螺旋体病、胎儿弧菌病、结核病和犬瘟热等），又有很多非传染性病因，如饲养不当、营养缺乏、机械性损伤（跌倒、压迫和冲撞等）、近亲繁殖引起的胎膜异常、胎儿早期死亡、生殖器官疾病（子宫内膜炎、子宫发育不全和阴道炎等）、服用可致流产的药物或毒物、内分泌失调等。

2. 临床症状

由于流产的原因、时期和母貉机体反应性的不同，流产所表现的症状及结果也有差异。常见者有以下几种。

（1）胚胎消失　又叫隐性流产。发生在妊娠早期，胚胎及胎膜完全被母体吸收，或随尿排出，临床症状不明显。

（2）小产　排出死胎及胎盘，常被母貉吞食，不易被发现。

(3)产出不足月胎儿　又称为早产，是指不到预产期产出不足月的活胎。早产胎儿体弱多病，不易成活。但具有吮乳能力者只要加强人工哺养和管理，有时可能成活。

(4)产出死胎　为最常见的一种流产形式。胎儿死在子宫内，死胎刺激子宫引起子宫收缩而分娩。当胎儿死亡未被排出时，若未被感染则会木乃伊化，发生感染后则导致胎儿腐败。

3. 综合治疗

为防止流产，供给怀孕母貉新鲜、全价、恒定的饲料，防止惊动和机械损伤，绝对不喂腐败变质饲料。如确系流产已难以挽回，也要加强管理，防止出现败血症。对流产母貉可用肌内注射抗生素(如青霉素、链霉素)和磺胺类药物。为排尽恶露，可注催产素 0.3 mL。对机械损伤性流产，只见鲜血未见胎儿者，可肌内注射黄体酮 0.5 mL，进行保胎。如果已引起子宫内膜炎，可用 0.02%高锰酸钾或 0.05%呋喃西林消毒液反复冲洗子宫，冲洗之后，根据情况，往子宫内注入抗菌防腐药物，或直接放入抗生素制剂(如青霉素 20 万～30 万 U)。如果证明为传染性流产时，必须采取适当措施进行防治。

六、乳腺炎

乳腺炎又名乳房炎，是母貉在泌乳期最常见的一种乳腺疾病，多为一个或数个乳腺的黏液性或化脓性炎症。临床上以乳房肿痛、发硬、体温升高为特征。

1. 病因

主要由链球菌、葡萄球菌和绿脓杆菌等细菌经乳头外伤(仔貉咬破、摩擦、挤压等机械因素所致)侵入而引起。

2. 临床症状

病貉徘徊，拒绝给仔貉哺乳，常在产箱外跑来跑去，有时把仔貉叼出产箱；仔貉不安，叫声异常，腹部不饱满，生长缓慢。患病乳房潮红、肿胀，温热疼痛，皮肤紧张，触之硬固。病初乳汁稀薄，继之呈乳清样，内含絮状物。当感染化脓时，则乳汁呈脓样，或呈黄色絮状，或带血液。有时在患病乳房内逐渐形成小脓肿或1～2个大脓肿。此时，常见病貉体温升高，食欲减退，精神不振。乳房上淋巴结肿大，触之疼痛。

3. 综合治疗

治疗乳腺炎的基本原则是排出乳房内的炎性乳汁，抗菌消炎。发现乳腺炎应立即隔离仔貉，采取冷敷方法，并按摩乳房，并挤出乳汁，借以减轻乳房的压力和排出炎性产物。如按摩无效者，可用0.25%普鲁卡因注射液溶解青霉素(每侧2～5 mL)进行乳房基底部周缘封闭，借以减轻疼痛等不良刺激，消除炎症。貉全身注射青霉素20万～40万U，并注射复合维生素B和维生素C 1～2 mL。乳腺内形成脓肿时应及时切开排脓，并行外科疗法，同时采取适当的全身疗法。

七、产后无乳

产后无乳是指母貉分娩后，泌乳功能受阻，泌乳量减少，或完全无乳。

1. 病因

母貉妊娠期或哺乳期营养不良，体质虚弱；乳房发育不全或母貉年龄过大；母貉患有严重疾病如子宫疾病、胃肠疾病、乳房疾病等；外界环境不良应激因素刺激，如气候变化、饲料更换、笼舍改变、噪声和人为干扰；内分泌机能紊乱，尤其是调节乳腺活动的激素分泌失调等都可导致母貉产后无乳。

2. 临床症状

母貉拒绝哺乳。仔貉常因饥饿而鸣叫，很快消瘦，甚至全窝仔貉死亡。病貉乳房、乳头缩小，乳房松软，挤出乳汁稀少，或完全挤不出乳汁。仔貉吸吮乳汁次数增多，久吮不放，有时咬破乳头。

3. 综合治疗

预防本病确保母貉妊娠期饲料质量和数量，为貉提供舒适、安静、清洁、熟悉的环境，避免生人及其他因素的干扰。治疗本病需补充病貉营养，给貉喂食营养丰富的汤类食物，如黑鱼汤、鲫鱼汤、猪蹄汤、猪肚汤、鸡汤等，在煨汤时可适量加入中药通草同煮。必要时可用药物催乳，如垂体后叶素。

八、维生素缺乏症

维生素缺乏症通常是因维生素供应不足或机体吸收不良，使体内维生素缺乏而引起的一类疾病。不同维生素缺乏所引起的症状也有差异，治疗方法也不一样。现将常见维生素缺乏后引起的症状以及防治方法简述如下。

1. 维生素 A 缺乏症

(1)初诊依据　有关资料报道，各种毛皮兽，每天维生素 A 的最适量为每千克体重 400～500 IU。在日粮中添加维生素 E 和维生素 C，供给适量的新鲜脂肪和酵母是有益的。日粮中维生素 A 缺乏时，往往造成貉发育停滞、视力下降和所有器官上皮组织生理机能紊乱。病貉表现厌食，消瘦，被毛稀疏，皮肤干燥，易发生脓性皮炎。主要特征为出现夜盲，眼结膜发炎，羞明流泪，有白色或红色分泌物，严重时出现角膜溃疡，导致半失明或失明。有些貉出现共济失调，运动机能障碍和贫血等症状。

(2)综合治疗　对较轻症貉饲喂富含维生素 A 的食物，如肝脏、鸡蛋等。饲料不要蒸煮过度，以免维生素破坏。对重症病貉可连续 5～10 d 投给维生素 A，每日每只貉 1 500 IU，或补喂鱼肝油或鲜肝也可。

2. 维生素 E 缺乏症

(1)初诊依据　饲料中维生素 E 不足或吸收不良，可引起母貉受精卵发育不全，胎儿被吸收而累配不孕；公貉睾丸萎缩，性机能减退,精子活力差,严重者丧失性功能。

(2)综合防治　对维生素E缺乏或不足的病貉可注射维生素E注射液,最好注射亚硒酸钠维生素E合剂(详细使用请参考药品说明书);也可口服维生素E丸,但喂前要用温水泡开,不要把维生素E胶丸放在饲料内,否则易被貉挑出来弃掉。为防止维生素E缺乏,应科学调整日粮,合理加工,适当减少日粮中不饱和脂肪酸含量,在饲料中添加麦芽粉、小麦芽以及新鲜动物性饲料、豆油、鲜肝等。

3. 维生素B_1缺乏症

(1)初诊依据　引起维生素缺乏症的原因主要有:日粮中维生素B_1补给不足;饲料单一,貉厌食,患有胃肠病、寄生虫和衰老等因素影响维生素B_1利用;生喂含有破坏族维生素的硫胺素酶的淡水鱼(鲤、鲫、狗鱼、葫芦子鱼等)、软体动物和劣质海鱼(油扣子、青皮子鱼等)、蚕蛹等;饲料不新鲜,腐败变质或冷藏时间过长(尤其鱼类,脂肪中含不饱和脂肪酸最多,极易酸败),产生大量过氧化物和有毒物质,使维生素B_1和维生素E遭到破坏;饲料调配后不及时饲喂或喂隔夜食,维生素发生氧化失去生物活性等。病貉表现为消瘦、厌食、全身无力、生长缓慢。初期后肢僵硬,行走摇晃,颤抖;后期后肢麻痹、轻瘫、抽搐。有的角弓反张,感觉过敏,呕吐,昏迷。妊娠母貉妊娠中断,出现死胎、弱仔等。

(2)综合防治　对轻症病貉每天口服维生素B_1 10～15 mg,连用2周。重症貉肌内注射维生素B_1或复合维生素B_1 2 mL。预防本病要防止饲喂腐败变质或冷藏时间过长的饲料外,在日粮中必须添加维生素B_1。一旦发现大群剩食或拒食,并有神经症状,同时查出日粮配合不合理等原因后,就应及早全群加喂维生素B_1类药品(如维生素B_1片、丸或酵母片、食母生等)。注意不要给貉生喂鲤、鲫、狗鱼、葫芦子鱼等淡水鱼。

九、红爪病

红爪病实际上仔貉的维生素C缺乏，引起仔貉骨生成带破坏，毛细血管通透性增强和血细胞生成障碍的一种营养代谢病，红爪病在一些养殖场（户）中每年都有发生，有的整个群体都发病，若及时治疗死亡率不高。

1. 病因

长期不喂青绿果蔬类饲料或不补加含维生素C的饲料，特别是在母貉妊娠中后期，饲料不新鲜，又不喂一定量的蔬菜很容易引起母貉日粮中维生素C含量不足或遭到破坏时，使所产的幼仔发生本病。

2. 临床症状

红爪病主要危害10日龄以内仔貉，且多呈窝发，如不及时治疗，多于5 d内死亡。患病仔貉四肢、趾垫红肿，趾间破溃、出血、糜烂，呈紫红色；吮乳能力弱，不停地发出微弱的吱吱叫声，在窝内乱爬；有的关节变粗，尾部水肿潮红，烂掉尾尖。

3. 综合治疗

母貉妊娠期的日粮中，应保证充足的维生素C，可通过口服维生素C溶液或增加新鲜青菜调节。在饲喂储存3个月以上的动物性饲料时，要加倍补给青料和维生素C添加剂。貉在产后5 d内发出异常叫声，要立即检查，对病在可肌内注射1 mL 5%的维生素C，每天2次，或口服维生素C片3～5片，对哺乳期的仔貉还要同时给母貉补喂维生素C，直到水肿消除为止。为防止脚趾的龟裂和溃疡，可用高锰酸钾水冲洗，然后涂土霉素膏，保持患处湿润。另外，需注意，患过本病的幼貉不宜留作种用。

十、佝偻病和骨软化症

本病通常因维生素D和钙缺乏或食物中钙、磷比例失调，而引起骨组织发育不良(仔幼貉)或骨质软化(成貉)的疾病。仔(幼)貉发生佝偻病,成貉发生骨软化症。

1.初诊依据

佝偻病常见于1～3月龄的幼貉,病貉食欲减退,异嗜,消瘦,生长发育缓慢或停滞,四肢软弱无力,站立不稳,关节肿胀,前肢腕关节变形、疼痛,四肢变形,呈"X"形或"O"形腿,肋骨与肋软骨连接处肿大呈串球状。骨软化症病貉骨质疏松变脆,易骨折和生龋齿,站立困难,体虚弱,易疲劳,有时可引起抽搐和产后癫痫等神经症状。骨软化症常发生于妊娠、分娩貉。

2. 防治要点

针对维生素D缺乏,要经常保证貉日光浴充足并人工补充维生素D,日粮要保证钙磷的比例平衡,即钙磷比为1∶1或2∶1,貉舍不宜过度阴暗。患本病的貉,每日每只要加喂维生素D 800～1 500 IU,同时,应饲喂新鲜碎骨。也可以静脉注射葡萄糖酸钙或维丁胶性钙,饲料中加喂钙片,并增加日光浴。

十一、白鼻子病

貉白鼻子病,又称做干爪病,是由于日粮缺乏蛋白质、多种维生素,饲料单一、低劣,动物性饲料过少,引起以毛皮质量下降、干爪、白鼻子、繁殖障碍为特点的一种营养代谢病。

1. 初诊依据

白鼻子病主要是由于营养代谢失衡而引起的综合性的营养代谢障碍疾病,主要是由生产中多种维生素和矿物质、氨基酸的缺乏或者是比例的不平衡引起。病貉鼻子头由黑色或褐色逐渐出现红点,红点增多时往往变成红斑,面积逐渐扩大,随后就出现白点,最后,鼻子头一个个地变白了。四肢部表现为肌肉干瘪、萎缩,紧贴腿骨,发育不良,直立困难。严重病例出现脚垫增厚、变白,趾爪干燥、萎缩、裂开等,并经常继发真菌或疥螨感染,出现出血、溃疡,甚至败血症等而使病情加重。病貉常常由于趾爪及四肢肌肉病变而出现跛行或站立行动困难。幼貉发病时常出现趾爪红肿、结痂、奇痒、不食、喜卧、生长缓慢等症状。成年母貉患此病时上述症状较轻,在繁殖方面表现为漏配、胚胎吸收、流产等现象,或产出死胎、烂胎、弱胎等。产下的小仔红白红白、粉白粉白的,但是,从产后两三天就开始陆续的死亡,一般到产后 20 d 以后就全部死亡。到就算存活下来的极少数也是个体很小,呈佝偻状。

2. 综合治疗

应注意注意饲料搭配,不能随意减少日粮中动物性饲料的比例,快速生长期及妊娠期注意补加新鲜优质动物性饲料,使蛋白质更充足;满足貉对维生素、微量元素和矿物质的需要,保证饲料营养优价、优质。生产中购买的商品配合饲料要尽量减少中间环节,尽量缩短从生产到饲喂的时间,在实际饲喂过程中,喂饲速度要快,做到快配料、快喂饲、少剩料以及剩料与新鲜料不混配。同时,尽量减少各种不良应激,保持笼舍清洁、舒适。发病貉可考虑增加日粮中青绿饲料比例,调整矿物质、维生素、微量元素的比例,也可使用专用的益生素和包被维生素进行防治;出现外伤者应及时做外科处理;注意有无真菌、疥螨等继发感染,并及时治疗和处理。

十二、黄脂肪病

黄脂肪病,又称为脂肪组织炎和黄膘病,是一种营养代谢性的疾病,是以动物体内脂肪组织发生非正常黄染的现象。该病在水貂、狐狸、貉以及麝鼠等毛皮动物和传统畜牧业的猪上发病较多。该病只有通过剥皮后才能确诊。

1. 初诊依据

多由于饲料保存不当,饲料中脂肪发生酸败、变质诱发较多。动物脂肪,特别是鱼类脂肪,含不饱和脂肪酸多,易氧化酸败变黄产生鱼油毒、神经毒和麻痹毒等有害物质,在低温条件下,发生缓慢的氧化。所以冻贮时间比较长的鱼类饲料,是引起急、慢性黄脂肪病的主要原因。尤其含脂肪量高的刀鱼(带鱼)、油扣子鱼等,更为严重。加之在饲料中不注意维生素 E 的补给或补给不足,更易引起此病。经常喂以冻贮鱼、肉饲料为主的毛皮兽群易出现此病,一般多以食欲旺盛或发育良好的幼龄兽先受害致死。动物全年均可发病,同时在夏末、秋初开始,脂肪沉积阶段——冬毛期表现尤为突出。病貉食欲不振,生长停滞,体重减轻,皮毛蓬乱无光泽,体温不高,口腔黏膜变黄或苍白,拉黏液性粪便,并伴有血尿和后肢麻痹。病至后期,可视黏膜发黄,出现腹泻,粪便黑褐色并混有血液,步态不稳,排煤焦油样稀便。妊娠貉常妊娠中止,胎儿被吸收。最急性病例,尤其是体躯肥胖的貉,夜间拒食,第 2 天突然死亡。剖检时,尸体营养良好。胸、腹腔有大量黄色渗出液。有的胃肠出血(胃肠内有黑点或黑斑),肠内容物呈黑褐色(煤焦油样物质)。肝黄染,胆囊充满黄绿色胆汁,膀胱充满血尿。皮下脂肪、肠系膜、肾周围、网膜、腹膜等部位的脂肪组织呈亮黄色或土黄色,稍浑浊甚至呈粉糊状。黄脂肪具有鱼腥臭味或肾臭味,加热后,腥味更明显。当煮沸这类肉后,肉汤多为部分透明并散发出正常的肉香味。如果在繁殖期,饲料中不饱和脂肪量过大,就表现为流产、死胎、胎儿吸收和新生崽孱弱,易死亡,断乳不久的幼崽最易患本病死亡。

2. 综合治疗

本病无特殊治疗方法,一旦确诊是本病后,应立即调整所使用的饲料,将饲料中的油脂、鱼(以及副产品)用量尽快逐步减少,适当增加新鲜动物性饲料,注意往饲料中添加抗氧化剂(种类很多,最常见的是维生素 E),增加体内剩余脂肪氧化清除的能力。对大群有重点地逐只检查,触摸腹股沟脂肪的变化,发现有脂肪肿块或下痢,都应列为治疗对象。对病貉治疗注射维生素 E 每千克体重 10 mg,维生素 B_1 25～50 mg/(只·d)。为预防感染,可肌内注射青霉素 10 万～20 万 U。

本病是一种慢性的营养代谢性疾病。在配制貉日粮的时候，要注意日粮能量的利用率，最好计算饲料的消化能，而不要只计算其热能。还要考虑日粮中能量与其他营养物质之间的合理配比；注意饲料原料的多样性，防止饲料原料过于单一。适当控制含大量不饱和脂肪酸原料（如鱼以及副产品、大豆以及副产品等）的用量。注意饲料中脂肪酸的平衡性，特别是必需脂肪酸的平衡性。加强冷冻饲料的管理，发现脂肪变黄或酸败的鱼、肉饲料，要及时处理或废弃。此外，以喂鱼类饲料为主的养貉场（户），一定要注意或重视维生素 E 、胆碱的补给。

十三、尿湿症

尿湿症是指貉等毛皮动物发生泌尿障碍，不随意地频频排尿，在幼兽中比较多见，因腹部绒毛被尿液浸湿、变黄甚至脱毛而得名。2 月龄貉尤其易得，一般成批或全窝发病。

1. 初诊依据

尿湿症发病原因一是饲养管理不当，妊娠后期和哺乳期的母兽或新生仔兽、幼兽饲料中维生素 B_1 缺乏，含有过多的脂肪或饲喂腐败变质的饲料，都会引起本病的发生；二是细菌感染链球菌绿脓杆菌和变形杆菌等侵害了肾脏和膀胱，破坏泌尿机能，引起本病的发生；三是遗传性因素；四是磷和钾的比例关系失调（钾和脂肪过量时，能形成不易溶解的皂剂，并随尿液排出，覆盖在皮肤上，湿润皮肤而发炎，毛被染成黄、橙黄色，甚至脱毛）而引起；五是长期使用碱性的饲料，导致饲料中的部分金属离子（如钙铜等）在肾脏中与尿酸联结，而形成不容易溶解的结石，这些结石逐步的积攒增加，在肾小管输尿管尿道等部位形成堵塞，最终导致肾脏以及泌尿系统的功能受到损害。肾脏的过滤功能受到严重影响甚至损坏后，对流经肾脏血液中的营养成分的过滤功能下降，特别是某些蛋白质和糖类的成分，就直接进入尿液中，这些物质对泌尿系统造成进一步的损害，因此，发展成为尿湿症。病貉多营养不良，可视黏膜苍白，尿频而不直射，尿液淋漓，尿道口周围毛绒被尿液浸湿；病重者几乎全身浸湿，病程长者，尿液浸坏皮肤，出现皮肤红肿、糜烂和溃疡，被毛脱落，皮肤坏死。病貉发生尿潴留，阴囊内积满尿液，膨大柔软。有的病貉出现全身症状，精神沉郁，体温升高，少食或不吃食，逐渐消瘦，如不及时治疗，会发生死亡。每年6～10月份，毛皮动物的尿湿症都比较严重。剖检病死貉主要可见尿路疾病，特别是肾脏发白坏死，有的个体还能看到些很小的比较牢固的白色小颗粒。

2. 综合治疗

该病重在预防，治疗的效果不仅成本高，而且经常愈后不良。为了有效地预防尿湿症的发生，建议在饲料中注意添加毛皮动物专用生物酸化剂，加强断乳前后仔貉及母貉在孕期和哺乳期的饲养管理，喂以新鲜、清洁卫生、营养丰富、脂肪含量少的饲料，供以清洁的饮水。要经常打扫貉舍，小室勤换垫草，经常消毒，保持貉舍小室垫草的干净柔软且卫生。大群发病时，一定要更换饲料，增加乳、蛋、酵母和鱼肝油的给量。轻症者每天每只饲喂5～10 mL醋酸溶液，或氯化铵制剂每天每只饲喂1～3 mL，连用7～10 d。重者可投给乌洛托品解毒利尿，同时用青霉素10万U和维生素E 1 mL，维生素B 10.5 mL，分别1次肌内注射，连用2～3 d。

十四、肉毒梭菌病

肉毒梭菌病又名麻痹病、肉毒梭菌毒素中毒，是因貉食入肉毒梭菌污染的肉类、食品等引起的以运动神经中枢和延脑麻痹为特征的肉毒中毒症。

1. 病因

肉毒梭菌产生的毒素毒力强，在消化道内不易被破坏，但不耐热，经加热煮沸10 min即可被破坏。貉自然感染的病例是由于吃了腐败的肉食或不新鲜的生肉或被污染的食物、饮水而发病。本病没有传染性,只有食入毒素才能引起中毒。本病在各地均可发生,一年四季均可发生,但以夏、秋季多发。

2. 临床症状

貉病症的严重程度与毒素摄入量有关。幼貉较成貉症状严重。病初病貉站立不稳,行走摇摆,口吐白沫。随着病情的发展,从后肢到前肢发生进行性肢瘫,卧地不起,肌肉松弛,对刺激反应减弱。病貉精神沉郁,但神经清醒,体温变化不明显。较有诊断意义的症状是咀嚼和吞咽困难,口流涎,舌脱于口外,呼吸困难逐渐加剧,瞳孔散大,大小便失禁,但尾巴仍能摇动,最后窒息死亡。

3. 综合治疗

治疗以解毒、强心、补液为原则。用5%碳酸氢钠或0.20%高锰酸钾液催吐、灌肠。肌内注射A、B型肉毒抗毒素各0.5万U,6～12 h重复1次。静脉输液,适量补充维生素B_1和维生素C。防治本病发生,要把好饲料关。平时严防喂给貉病死肉及腐败食品。动物死亡时,禁止在养貉场剥皮和进行病理检查。肉制品不宜在室温下放置过久,必须煮熟后再喂。

十五、有机磷农药中毒

有机磷农药中毒是因貉接触或误食有机磷农药而引起的中毒病。有机磷农药是我国广泛使用的一类杀虫、驱虫剂,常用的有敌百虫、敌敌畏、蝇毒磷、林丹、乐果等。

1. 初诊依据

当用有机磷农药治疗貉体内、外寄生虫病,或喂给农药喷洒的饲料、蔬菜,或饮用农药污染的水,均能引起貉中毒。在有机磷农药进入机体后数小时内突然发病,呈急性经过。通常病貉频频呕吐,流涎,腹泻,呼吸快。呕吐物和排泄物呈大蒜臭味。重症貉口吐白沫,兴奋不安,瞳孔缩小,呼吸困难,后肢麻痹,不能行动,最后多因呼吸中枢麻痹或心力衰竭而死亡。

2. 综合治疗

发现病貉，首先停止接触疑为有机磷污染的食物或饮水。经皮肤中毒者，立即用微温的3%～4%碳酸氢钠水、1%肥皂水冲洗。经消化道中毒者，立即用微温的1%肥皂水3%～4%碳酸氢钠溶液洗胃或灌服。如为敌百虫等中毒，可选用1%醋酸、食醋等处理。对硫磷中毒时，禁用高锰酸钾溶液洗胃。为防止毒物继续吸收，促进毒物排出，可灌服活性炭等，但禁用油类泻剂。重症貉可静脉注射阿托品，每次0.03～0.08 mg，每0.5 h 1次，直至病情好转。最好用解磷定、氯磷定、双解磷、双复磷等。解磷定和氯磷定可按每千克体重15～30 mg，以生理盐水2.5%～5%溶液，缓慢静脉注射，以后每隔2～3 h 1次，剂量减半。视症状缓解情况，可在24～48 h内重复注射。双解磷和双复磷的剂量为解磷定的1/2。临床实践表明，胆碱酯酶配合阿托品应用，疗效更好。为促进毒物从肾脏排出，可用适量葡萄糖生理盐水或林格氏液静脉滴注。

十六、食盐中毒

食盐是貉进行代谢不可缺少的矿物质之一，在日粮配合一定比例，能提高食欲，增强代谢，促进发育。食盐中毒是因过量食盐进入机体而引起的中毒病。

1. 初诊依据

常因貉日粮配料错误（如日粮中本来用盐腌的肉、鱼，又加喂了食盐），食盐混合不均；连续喂给含食盐较高的鱼粉；饮水不足、天气炎热等可加速中毒的发生。急性中毒貉常于采食后1～2 h突然发病。表现为口渴，食欲减退或废绝，呕吐，兴奋不安；继之腹痛，腹泻，粪便中有血或黏液。不停空嚼，口唇周围粘满白沫，心搏动微弱，少尿。病貉感觉过敏，肌肉震颤，共济失调，瞳孔散大，结膜发绀，后肢麻痹或瘫痪，多在数小时内因呼吸麻痹致死。慢性中毒病貉喜饮，食欲减少，贫血，消瘦，磨牙，流涎，瘙痒，失明，精神沉郁，转圈运动，经 2～3 d 因呼吸衰竭致死。

2. 综合治疗

立即停喂含盐过多的日粮和食物，给予足够饮水，投喂牛奶、米汤等。中毒早期可给催吐药硫酸铜，并用清水或 0.1%高锰酸钾溶液洗胃，然后灌服油类泻剂，以促进毒物排出。为恢复体内离子平衡，静脉注射 5%葡萄糖酸钙。为缓解脑水肿，降低颅内压，可静脉注射 25%山梨醇或高渗葡萄糖溶液。

十七、中暑

中暑，又称热衰竭，是指机体产热过多而散热受阻引起体温升高，最终导致中枢神经系统机能严重紊乱的一种急性疾病。

1. 初诊依据

貉在烈日下暴晒，或在炎热环境下活动不能及时补充水、盐或因失水、失盐，致使血容量减少，影响散热而发生本病。其中由于日光直接照射头部，引起中枢神经系统机能障碍者为日射病；由于过劳，天气闷热，潮湿，散热减少，使热在貉体内积蓄，引起中枢神经系统机能严重障碍或紊乱者为热射病。气温高、湿度大、无风的闷热天气下，烈日直射貉体，窝箱通风不良，炎热季节长途运输、车厢通风不好，易发本病。病貉体温急剧升高（41～42℃），呼吸急促以至困难，心跳加快，末梢静脉怒张，恶心，呕吐，全身无力，运步摇晃。黏膜初呈鲜红色，逐渐发绀，瞳孔散大，随病情改善而缩小。肾功能衰竭时，则少尿或无尿。如治疗不及时，有些在昏睡状态下死亡。

2. 综合治疗

发生本病时，要立即将貉放置阴凉处，保持安静。然后皮下注射维他康或尼可刹米 0.15～0.2mL；头部冷敷；皮下多点注射或静脉注射 5%葡萄糖液或生理盐水 80～150 mL，亦可深部灌肠。

轻度中暑，以清凉油涂抹于病骆鼻端、太阳穴、四肢掌心，有良好效果。

为防止本病，在炎热夏季，骆舍要遮阴，以防日光直射。骆舍保持通风良好，并经常向舍内地面喷洒凉水，保证骆有足够的饮水。长途运输应尽量避开炎热天气，或采取相应的防暑降温措施。

十八、直肠脱

直肠脱又称脱肛，是指直肠末端黏膜或部分直肠向外翻出而垂脱于肛门外，多发生在肛门括约肌先天性衰弱的幼骆。

1. 初诊依据

饲料缺乏蛋白质、维生素等营养，饮水不足，采食粗纤维含量过多的日粮，机体虚弱，长期或剧烈腹泻、难产努责，直肠便秘，投服过量驱虫药，肠道寄生大量虫体，极度惊吓等因素均可引起直肠脱。轻症骆卧地或排便后，直肠部分脱出，直肠黏膜的皱襞往往在一定时间内不能自行复位，在肛门口处见到圆球形肿胀物，表面淡红色或暗红色。重症病骆直肠完全脱出，肛门外突出物呈长圆柱状，肠黏膜红肿发亮。随着脱出时间延长，黏膜由暗红转为暗褐色，严重时可继发局部性溃疡和坏死。此时常伴有全身症状，体温升高，食欲减退，精神沉郁，并且频频努责，不断作排便姿势。

2. 综合治疗

在病骆直肠脱出不久、黏膜表层损伤不重时，用0.1%的高锰酸钾溶液或0.1%新洁尔灭溶液清洗脱出的直肠黏膜，去除坏死黏膜，并在脱出部涂上少量液体石蜡等润滑剂，使骆保持前高后低姿势，缓慢回送脱出的直肠，完全复位后在肛门处加压堵塞5 min。对于反复发作的直肠脱，在复位后可用袋口缝合法缝合肛门（注意缝线松紧适当，以骆能排出软便为度）。为防止病骆努责，可用镇静剂（如巴比妥），或直肠涂以局麻药（如可卡因软膏）。排粪困难时，可用温的液状石蜡 20 mL 灌肠，以软化粪便。术后禁食 24 h，

2 周内给予优质饲料，以减少排便量。口服广谱抗生素，连用10 d，为减轻直肠水肿，可口服速尿适量。直肠脱出时间长，黏膜水肿、严重坏死者，可行直肠切除术。

十九、自咬症与食毛症

1. 病因

貉发生自咬和食毛原因很多，主要有以下几个方面。

①疾病：如患有蚧螨、蠕螨或毛虱等体外寄生虫；由皮霉菌类中的真菌感染引起的秃毛癣，即皮癣；受风寒和潮湿环境刺激而引起的急性湿性皮炎等。

②营养缺乏：家养毛皮动物的营养全靠人工喂食，在选购饲料品种和配制混合饲料时，由于当地所产饲料品种有限，在配制饲料时要完全达到皮毛动物所需的全部营养是很难做到的；有的养殖户为了降低成本，购买低价劣质饲料，对各种微量元素和维生素用量少或用不当；有的养殖场在加工饲料时，不注意加工方法、某些营养物质被破坏、失去营养价值等，这些因素都有可能造成食毛症。

③自咬症也是一种伴隐性遗传的疾病，所以病貉及其亲本和同窝仔貉均不宜做种。

2. 临床症状

家养的毛皮动物中每年有 3％～5％患食毛症，其典型症状是将尾巴或后腰部位的斜毛咬断吃掉。一般食毛症多发生在春秋季换毛季节和冬季毛绒成熟前期。大多数患有食毛症的貉体况基本良好，有的体质肥壮体型大，吃食也很正常，也几乎不影响繁殖。营养代谢障碍引起的食毛症病因和临床症状多种多样，如维生素 B 缺乏时，主要表现为全身被毛粗乱、逆立；维生素 B_2、维生素 B_{12} 和泛酸缺乏时，主要表现为全身被毛一块一块地脱落，毛色变浅淡，有脂溢性皮炎症状；生物素和铜、钴、硫、锌、铁、锰等微量元素或含硫氨基酸不足时，都会引起秃毛症或食毛症。营养缺乏病侵害部位为全身被毛和皮肤，一般是从耳→颈→前肢→体侧→尾部的缺毛过程。

由寄生虫诱发的食毛其明显区别于营养代谢障碍引起病貉明显区别是，病貉因为感染螨虫等寄生虫，而奇痒难忍，故而搔抓、啃咬毛皮，可以见到皮肤鳞屑和结痂。由斑秃状明显。疥螨引起食毛病貉皮肤红肿、剧痒皮肤溃疡，形成黄白痂皮，似米糠状。蠕螨引起食毛病貉毛囊周围有小红突起，皮肤溃疡、脓肿有银白色皮屑。毛虱虫引起食毛病貉瘙痒难忍，啃咬皮肤和被毛，有鳞屑。由真菌感染引起食毛病貉被毛出现灰色圆形秃斑，毛易断，皮肤有痂皮。

食毛症病貉表现为只是啃食自身的毛绒，而自咬症病貉表现为精神高度兴奋，有时在笼舍内旋转发出吱吱的叫声，咬破皮肤肌肉，流出鲜血，有的会把整个尾巴咬掉，且大多数体况瘦弱，发育不良，吃食不正常，严重者伤口发炎患败血症死亡。

3. 综合治疗

结合发病症状，检测病貉体表寄生虫、真菌以及饲料、血液、毛和粪中的蛋氨酸、胱氨酸和半胱氨酸、铜、钴、硫、锌等营养物质的含量，根据病因消除致病因子，采取相应治疗措施。对体表寄生虫、真菌感染引起的食毛貉治疗参考本章相关内容。由营养代谢障碍引起的食毛症貉缺什么营养补充什么营养，一般治疗剂量是正常需求量的1～2倍，但是微量元素都有毒性，在高水平添加3 d左右，就应该降到正常需要水平。氨基酸的补充可以用优质鱼粉等高蛋白饲料补充，也可以添加水解羽毛粉、鸡蛋、豆浆等。

自咬症病貉的治疗正确把握治疗时机是关键，最佳治疗时机是病貉刚有轻微症状，即口中发出嘶嘶声而并未咬伤肢体时。治疗时，应尽量避免外界刺激，先投给安定类药物以减轻症状，也可用木板制成枷套在病貉颈部，限制其头部运动，使其咬不到后躯；

或也可截断病貉犬齿减小其伤害力。也可把病貉放到大一点的笼中增大运动场,减小应激影响。与此同时。同时,检查饲料质量与配方,看是否有重金属元素(如汞)超标等,如饲料不当即行更换,食盐中毒时可减至正常水平。

对抗自咬症与食毛症的方法重在预防而非治疗,关键在于科学饲喂,必须选择优质饲料,保证动物各个时期的营养水平,提高其机体免疫力,日常管理要加强卫生防疫,搞好环境卫生,做好笼舍、饮食用具等的消毒工作,才能减少或杜绝食毛症的发生。

参考文献

[1] 白秀娟．养貉手册．北京:中国农业大学出版社,2007.

[2] 朴厚坤．毛皮动物饲养与管理．北京:中国农业出版社,1988.

[3] 关中湘,王树志．毛皮动物疾病学．北京:中国农业出版社,1987.

[4] 钱爱东,李影．毛皮动物疾病．北京:中国农业出版社,2009.

[5] 马泽芳,崔凯,高志光．毛皮动物饲养与疾病防治．北京:金盾出版社,2013.

[6] 熊家军．特种经济动物生产学．北京:科学出版社,2012.

[7] 刘晓颖,李光玉．貉高效养殖新技术．北京:中国农业出版社,2011.

[8] 钱国成,魏海军,刘晓颖．新编毛皮动物疾病防治．北京:金盾出版社,2006.

[9] 刘鼎新,刘长明．毛皮兽疾病防治．北京:金盾出版社,1999.

[10] 华盛,华树芳．毛皮动物高效健康养殖关键技术．北京:化学工业出版社,2009.

[11] 任东波．实用养貉技术大全．北京:中国农业出版社,2005.

[12] 佟煜仁,钱国成．中国毛皮兽饲养技术大全．北京:中国农业科学技术出版社,1990.

[13] 李光玉,杨福合．怎样办好家庭养貉场．北京:科学技术文献出版社,2008.

[14] 杨福合．毛皮动物饲养技术手册．北京:中国农业出版社，2000.

[15] 李顺才．宠物犬驯养与疾病防治．北京:化学工业出版社，2012.

[16] 白庆余,耿孝瑗．特种经济兽类养殖技术．广州:广州经济出版社,1999.

[17] 李光玉,杨福合．貂狐貉养殖新技术．北京:中国农业科学技术出版社,2006.

[18] 高玉鹏,任战军．毛皮与药用动物养殖技术大全．北京:中国农业出版社,2009.

[19] 葛铭,张瑞莉．毛皮动物生态养殖技术. 2版．北京:中国农业出版社,2014.

[20] 李光玉．毛皮动物常用饲料使用时注意的事项．饲料与畜牧,2007(10):10-13.